創客‧自造者 工作坊 WORKSHOP

零基礎自學科技教育

用 AI 影像辨識
學機器學習

施威銘研究室 著

CONTENTS

# 1 機器學習簡介

機器學習成為了現在 AI 的主流，並已逐漸進入我們的生活中，小從智慧型手機的語音助理、垃圾郵件過濾，大至自駕車系統、醫療診斷…都可以看到它的應用案例。

## 1-1 AI 人工智慧

### 開端

自從電腦發明以來，大家就著手在如何讓電腦解決更多問題，而讓電腦來模擬人類的智慧便成為了我們最大的夢想，因此就出現了**人工智慧 (ArtificialIntelligence, AI)** 這個名詞。

電腦科學的實現主要是靠邏輯控制，為了要表示出邏輯思維，於是就有了符號邏輯學，為了要讓電腦理解邏輯，就有了程式語言。

許多學者都投入這個領域，開始想著各種問題要怎麼讓電腦來解決，例如，解方程式、讓機器走迷宮、自動化控制，很快的，電腦可以處理的問題越來越多，大多問題，都能靠著人工分析，轉換成程式語言，再輸入進電腦，有了大家的努力，電腦也越來越有智慧，以上的方法便稱為**規則法 (rulebased)**。

### 瓶頸

規則法實現的人工智慧確實有效，然而眾人逐漸發現一個問題，每次要教會電腦一個技能，就要花很多的時間與力氣，將我們熟知的解法翻譯成複雜的程式語言，如果我們不知道問題的解法，就意味著電腦也不可能學會了。這樣聽起來，不免讓人有些失望，這可不是我們嚮往的未來世界啊，按照這種作法，電腦永遠都不可能到達人類的境界，更遑論什麼智慧了。

### 突破

這種一個口令，一個動作的方法，並非長久之計，於是有人提出了新的看法，與其一一告訴電腦每個對應的指令，何不讓它有能力自我學習，這就是**機器學習 (Machine Learning, ML)** 的概念。

## 1-2 機器學習

機器學習根據不同應用會使用不同的學習法，概略可以分為**監督式學習 (Supervised learning)** 與**非監督式學習 (unsupervised learning)**，其中的差別是前者所使用的訓練資料集會事先給予**標記 (label)**，即是準備一些問題和對應的答案給電腦後，透過合適的演算法讓它自行找出其中的規則，並且有能力針對類似的問題給出正確的回答，常見的**迴歸分析 (Regression Analysis)**、**統計分類 (Classification)** 即是屬於監督式學習，本套件實作皆為此類。

## 1-3 神經網路

在機器學習中目前最主流的方法便是**類神經網路 (Artificial Neural Network, ANN, 後面簡稱神經網路 )**，這是一種利用程式來模擬神經元的技術。**神經元**是生物用來傳遞訊號的構造，又稱為神經細胞，正是因為有它的存在，人類才可以感覺到周遭的環境、做出動作。神經元主要是由樹突、軸突、突觸所構成的，樹突負責接收訊號，軸突負責傳送，突觸則是將訊號傳給下一個神經元或接收器。

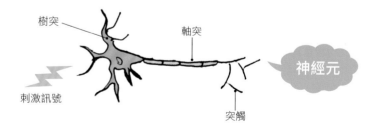

科學家利用這個原理，設計出一個模型來模擬神經元的運作，讓電腦也有如同生物般的神經細胞：

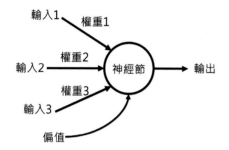

以上就是一個人工神經元，它有幾個重要的參數，分別是：輸入、輸出、權重及偏值。**輸入**就是指**問題**，我們可以依照問題來決定神經元要有幾個輸入；**輸出**則是**解答**；而**權重**和**偏值**就是要自我學習的**參數**。

人工神經元的運作原理是把所有的輸入分別乘上不同的權重後再傳入神經節，偏值會直接傳入神經節，神經節會把所有傳入的值相加後再輸出，以上的人工神經元用數學式子可以表示成：

**輸出 = 輸入 1× 權重 1 + 輸入 2× 權重 2 + 輸入 3× 權重 3 + 偏值**

接下來，為了讓讀者能理解人工神經元的原理，我們將輸入簡化為 1 個，並以迴歸問題來講解。

## ⟨ 神經元如何學習迴歸問題

以下為只有 1 個輸入的人工神經元：

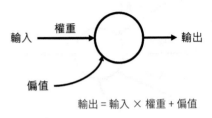

輸出 = 輸入 × 權重 + 偏值

### 迴歸問題

所謂的迴歸問題，指的就是找到**兩組資料之間的對應關係**，例如，我們想知道某一班學生的身高和體重是否相關，或是說能否用身高來推測某位學生的體重，這就是一個迴歸問題。要解決這個問題，首先一定要從資料下手：

| 身高 | 體重 |
|------|------|
| 150 | 40 |
| 152 | 48 |
| 155 | 45 |
| 158 | 50 |
| 160 | 55 |
| 162 | 56 |
| 165 | 58 |
| 170 | 59 |
| 172 | 62 |
| 175 | 65 |
| 180 | 68 |
| 185 | 72 |

接著將這些資料以點畫在平面座標上，其中 X 軸為身高，Y 軸為體重：

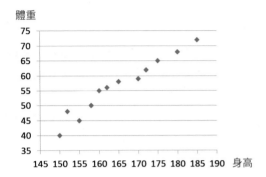

從以上的圖中，可以看出有一條線能將這些點大致連起來：

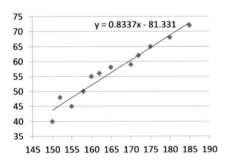

這條線其實就是一個函數，只要輸入身高就能得到體重。這就是迴歸的目的：建立兩組資料間的對應函數。而單一輸入的神經元便能表示出這個函數：

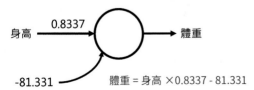

體重 = 身高 × 0.8337 - 81.331

這樣你應該知道為什麼神經元會這樣設計了！不過以上只是一個很簡單的例子，很多時候，兩組資料間的關係，可能難以一條直線函數來表示，例如下方的資料：

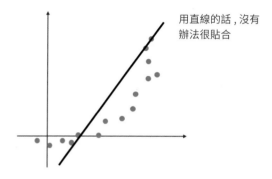

用直線的話，沒有辦法很貼合

## 激活函數

這時候我們就需要在函數中加入**非線性度**來解決，所謂的非線性代表此函數含有彎曲或轉折，而**激活函數 (activation function)** 便能在神經元輸出之前進行非線性計算，再將值輸出：

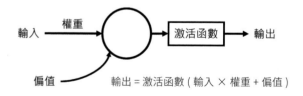

輸出 = 激活函數 ( 輸入 × 權重 + 偏值 )

激活函數有相當多種，其中最常用的便是 ReLU 函數，因為它的計算方式很簡單，只要讓小於 0 的數值都等於 0 即可：

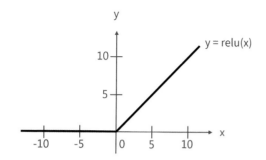

$y = relu(x)$

把這個函數加入原本的神經元，那麼它就能產生有轉折的非線性函數，因此能更貼近資料：

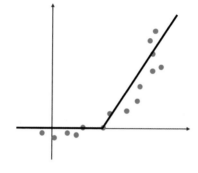

如果想讓函數再更進一步的貼近資料，就要導入更多非線性度，做法是將多個神經元串連在一起：

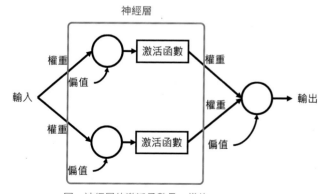

神經層

權重　偏值　激活函數　權重

輸入

權重　偏值　激活函數　偏值　輸出

同一神經層的激活函數是一樣的

上圖中，上下並排的神經元合稱為神經層。同一個神經層中，每個神經元會共用同一個激活函數，由於多個有激活函數的神經元，等同提供了更多非線性度（如果是 ReLU 就是一次轉折），所以生成的函數又更貼近資料了：

## 神經網路

至此，我們知道，神經元不僅可以單獨存在，還可以多個搭配使用。另外，為了讓預測更準確，也能加入更多輸入資料，例如想預測房租，那可能需要房子坪數、房子所在樓層、是否可以開伙、是否可以養寵物等資料，這些輸入用的資料又稱為**特徵 (feature)**。這樣一來能將多個神經元組成如下的結構：

⚠ 下圖為了簡化，因此省略了偏值和激活函數以增加可讀性。

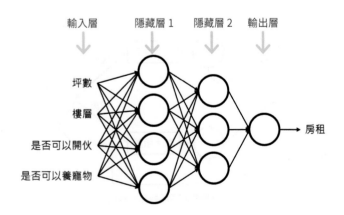

以上這種將多個神經元組成神經層，再將多個神經層堆疊起來的結構便稱為**神經網路**，其中輸入資料的部分稱為**輸入層**，中間的部分稱為**隱藏層**，一個神經網路可以有很多隱藏層，以增加更多的非線性度，最後則是**輸出層**，完整的神經網路又可以稱為**模型 (model)**。

使用神經網路時，我們可以任意決定要用幾層神經層、每個神經層中要有多少神經元，以及要搭配什麼激活函數，只要將它想成是一個很厲害的函數產生器就好，我們要做的，就是把資料輸入進去，讓它自動學習，找出一個複雜的對應函數。如果學習成功，便能利用它來解決問題，根本不用知道那個函數的數學式子是什麼，因此又稱神經網路為一個黑盒子呢！

學習完畢的神經網路，就像一個輸入問題就會給出答案的黑盒子

## 神經元的學習過程

看到這裡的讀者一定很好奇，神經網路是怎麼學習的呢？一開始的神經元什麼都不會，因此權重和偏值都是亂猜的，所以輸出的答案也是不對的，不過它會比對你給的資料來進行調整，直到它的輸出與你給的資料一致：

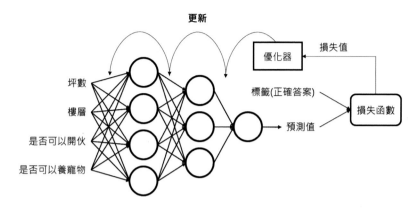

神經元計算後的輸出稱為**預測值 (prediction)**，我們給的正確答案則稱為**標籤 (label)**，用來計算神經元預測值和標籤誤差的，就是**損失函數 (loss function)**，計算出來的值稱為**損失值 (loss)**，越大代表誤差越多，有這個數值神經元才知道該怎麼調整它的參數，不同問題會搭配不同損失函數，像是迴歸問題就會使用**均方誤差 (Mean Squared Error, MSE)**。

⚠ 除了迴歸問題之外，還有二元分類問題、多元分類問題等等，它們搭配的損失函數都不相同，這在之後的章節和實驗會一一介紹。

 **知識補給站**

均方誤差 (MSE)，是將每筆標籤減掉預測值（即誤差值）取平方，再取平均值。

標籤：　$y_1$、$y_2$、$y_3$、$y_4$、$y_5$ … $y_n$

預測值：　$\widehat{y_1}$、$\widehat{y_2}$、$\widehat{y_3}$、$\widehat{y_4}$、$\widehat{y_5}$ … $\widehat{y_n}$

$$\frac{\sum_{i=1}^{n}(y_i - \widehat{y_i})^2}{n}$$

接著**優化器 (optimizer)** 會利用損失值來更新權重和偏值，調整神經元，讓損失值降低，這個學習過程稱為**訓練**，由於它更新的方向是由後往前（先更新後面層再更新前面層），因此又被稱之為**反向傳播法 (Backpropagation, BP)**。不同優化器的更新方式也會有點不同，但它們主要都會使用**梯度下降 (Gradient descent)**，所以接下來會介紹一下什麼是梯度下降。

## 梯度下降 (Gradient descent)

理論上只要能讓損失函數輸出最小損失值，就代表此時的權重和偏值是最佳參數，然而損失函數需要代入神經網路的輸出，而神經網路中存在大量的未知數（權重和偏值），這導致我們無法知道損失函數的全貌，這樣還怎麼找到最小損失值呢？

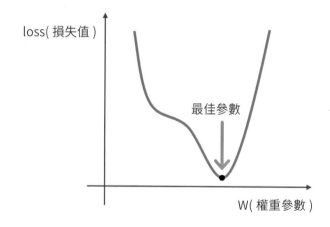

梯度下降法便是為了解決這個問題而產生的,雖然我們不知道損失函數的全貌,但可以利用損失值來取得當下參數的梯度(使用數學的偏微分),這個梯度便是朝向更小損失值的方向,因此只要將參數往該方向修正,就能靠近最小損失值。這個方法可以用以下例子來直觀的理解,想像你是一個在山上迷路的登山客,此時山中充滿濃霧,導致你無法看清山的全貌,想下山的你,只能透過有限的視野來查看地形,確認自己是否在往下走。此例子中,你就代表了神經網路中的參數、山的樣貌代表損失函數、山腳下代表最小損失值,而用有限視野看出下山方向就是梯度。

這是一種利用逐步向前的方式來得到最小損失值 (loss) 的方法,因此要訓練好一個神經網路,往往需要許多的**訓練週期 (epoch)**,而控制每個更新步伐的大小也成為了很重要的關鍵。

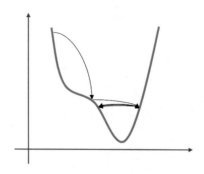

甚至會發生損失值爆炸,反而離最低點越來越遠:

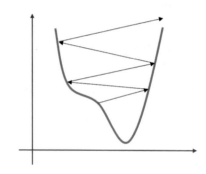

太小的學習率,則會讓梯度下降時速度太慢,導致要花相當多個訓練週期,才能完成學習。

梯度

### 學習率 (learning rate)

**學習率 (learning rate)**,便是用來控制學習步伐大小的參數,這個數值通常介於 0~1。太大的學習率會導致太大的步伐,可能讓梯度下降時,發生損失值震盪,因而無法找到最小的損失值。

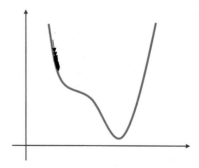

因此選擇適當的學習率，才能在結果與時間上取得平衡，這通常是需要依靠經驗來調整的。

雖然每個優化器都是使用梯度下降來更新神經網路，但不同優化器會再加上不同的方法，讓訓練過程更加順利，這些方法主要用了兩個概念：**自適應 (Adaptive)** 和**動量 (Momentum)**，所謂自適應是指自動調整學習率，由於神經網路剛訓練時，離最小損失值還很遠，所以此時可以將學習率放大，以求更快地往目標前進，而快到達目標時，則要逐漸縮小學習率，才不會錯過目標，避免發生震盪，透過這樣的調整，不僅有更快的訓練速度，也能有更好的訓練結果。

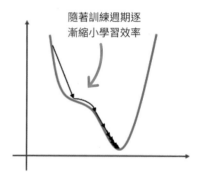

隨著訓練週期逐漸縮小學習效率

動量則是用來解決 2 個在梯度下降時可能發生的問題：

● 問題 1　學習速度太慢。如果連續幾次的梯度都很大，則動量可讓移動速度加快，因此可以增加學習的速度。

● 問題 2　停留在區域最低點。假設有一顆小球在下圖中由最高點往下滾，那麼加上動量（慣性）因素後，小球就比較有可能衝出區域最低點，而到達全域最低點：

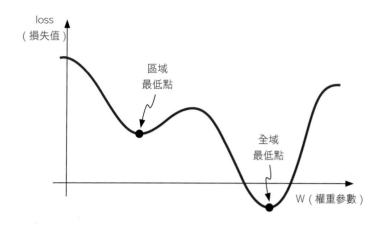

不同優化器可以調整的參數也略微不同，常見的優化器有：SGD (Stochastic gradient descent, 隨機梯度下降)、RMSprop (Root mean square propagation, 方均根反向傳播) 及 Adam (Adaptive moment estimation, 適應性矩估計)。

接下來的章節我們將介紹本套件會使用到的程式語言及開發環境，還有用來實作機器學習的程式庫，這些都可以在瀏覽器完成，透過自己訓練的不同模型，最後再加上硬體控制，完成各種機器學習實作。

# 2

## 建立 JavaScript 開發環境

踏入機器學習的大門前，我們要先熟悉所要使用的程式語言與工具，在本套件中主要是以瀏覽器為平台，因此在這一章就帶領大家認識在瀏覽器上執行的 JavaScript 程式語言。

## 2-1　網頁的基本架構

大家在瀏覽器上看到的內容是以網頁的形式描述，其中包含 3 個部分：

1. **HTML**：記載網頁實際的內容，像是標題文字、段落、圖片等等，網頁所有的內容與組成結構都是由 HTML 來決定。

2. **CSS**：描述網頁上個別元素的外觀，例如大標題的字體、大小、顏色，段落間距、網頁底色等等，網頁漂不漂亮、易不易讀，都取決於 CSS，只要修改 CSS，同樣的 HTML 就可以呈現完全不同的樣貌。

3. **JavaScript**：用來設計網頁上的互動，例如在購物網站上按一下按鈕將商品加入購物車、或是在搜尋時邊打入文字就會即時出現搜尋建議等等，就是由 JavaScript 負責運作。

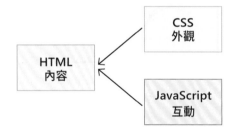

這 3 個部分可以寫在同一份 HTML 檔中，也可以是 HTML 檔搭配單獨存在的 CSS 檔或是 JavaScript 檔，瀏覽器會根據 HTML 檔中的描述自動下載指定的 CSS 檔或是 JavaScript 檔，並將它們整合起來後在瀏覽器上呈現出來給大家操作。

如果要成為網頁設計師，那麼就必須精通 HTML、CSS 以及 JavaScript。

## 2-2　p5.js 簡介

由於本套件的目的並不是要讓大家成為網頁設計師，而是利用瀏覽器來當成程式執行的平台，並且可以利用網頁當成使用介面，方便操作電腦上的相機，或是在網頁上顯示簡易的資訊，因此會使用一套名稱為 **p5.js** 的工具，讓我們可以專注在 JavaScript 程式上，不用管太多 HTML 或是 CSS 的細節。

### p5.js

p5.js 是沿襲自 **Processing** 這套工具而來，主要的目的就是讓你可以在網頁上快速建立畫布，並以程式繪製各種內容，也能夠添加簡單的操作介面，快速設計能和使用者互動的網頁。

### p5.js Web Editor

為了讓 p5.js 能夠更容易使用，p5.js 官方還開發了網頁版本的程式撰寫環境 -- **p5.js Web Editor**，讓您不需要在電腦上安裝任何軟體，只要打開瀏覽器就可以撰寫 p5.js 程式。本套件後續所有的 JavaScript 程式都會在 p5.js Web Editor 上完成，請先依照以下的步驟，開啟 p5.js Web Editor 並註冊帳號：

**1** 開啟瀏覽器連至 https://editor.p5js.org，主要區分為 3 個區塊：

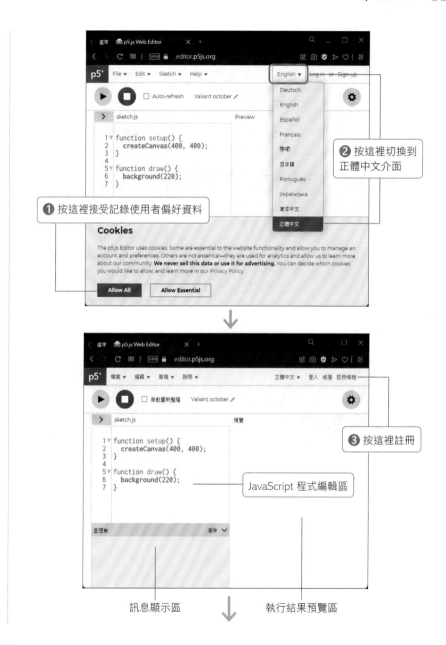

❶ 按這裡接受記錄使用者偏好資料

❷ 按這裡切換到正體中文介面

❸ 按這裡註冊

JavaScript 程式編輯區

訊息顯示區

執行結果預覽區

④ 填入欲使用的名稱與 email

⑤ 填入兩次欲使用的密碼

⑥ 按這裡完成

⚠ 註冊帳號才能儲存或是分享寫好的程式。

2 註冊完即可開始使用,預設已經有基本的程式,請先執行看看:

① 按這裡執行

② 灰色區域是程式建立的畫布

預設的基本程式只做一件簡單的事,就是建立一塊 400×400 像素大小的畫布,並且把畫布的底色設為淺灰色。稍後我們會詳細說明程式的細節,這裡只是先讓大家熟悉 p5.js Web Editor 的用法。

3 你可以依照以下說明修改程式名稱後執行『**檔案 / 儲存**』或按 Ctrl + S 存檔:

按這裡可以停止程式　　　按這裡可以修改名稱

4 你也可以展開程式的檔案清單:

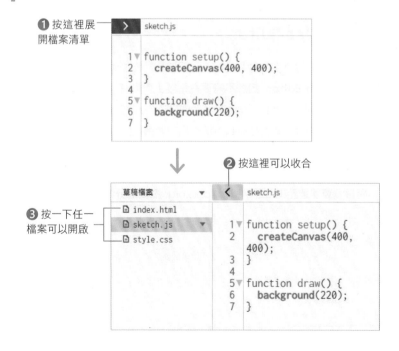

① 按這裡展開檔案清單

② 按這裡可以收合

③ 按一下任一檔案可以開啟

14

p5.js Web Editor 把程式稱為**草稿 (sketch)**，每一份草稿基本就包含了 3 個檔案，對應到 2-1 節說明組成網頁的 3 個元素，p5.js Web Editor 預設會開啟 sketch.js，也就是 JavaScript 檔，你也可視需要開啟其他檔案編輯。

這樣我們就完成了撰寫 JavaScript 程式的準備工作，下一節開始，我們會透過 p5.js 提供的各項功能來介紹 JavaScript 程式的基本語法。

## 2-3 JavaScript 基本語法

現在就讓我們回頭來看看程式的細節，同時也學習 p5.js 提供的各項功能。

### 函式

我們剛剛執行的預設程式如下：

```
01 function setup() {
02   createCanvas(400, 400);
03 }
04
05 function draw() {
06   background(220);
07 }
```

我們先看其中由 p5.js 提供功能的兩行程式：

1. 第 2 行是在網頁上建立一塊 400×400 像素的畫布。

2. 第 6 行則是將畫布的底色（背景）設定為淺灰色。

這裡要特別說明幾個基本的語法：

1. 每一行程式結尾都要加上英文分號 ";"。

2. createCanvas 以及 background 是 p5.js 提供的功能，稱為**函式 (function)**，不同名稱的函式具備不同的功能。

3. 使用函式時，要跟著一對小括號 ()，括號內依照函式的需要填入額外的資訊，稱為**參數** (argument)。例如使用 createCanvas 時需要提供畫布的**寬與高**，在預設程式中是 400 像素寬、400 像素高，參數之間要用英文逗號 "," 隔開。如果將預設程式中的第 2 行修改如下，重新執行畫布就會變小了：

```
1 ▼ function setup() {
2     createCanvas(300, 200);
3   }
4
5 ▼ function draw() {
6     background(220);
7   }
```

⚠ 每一行的開頭以及括號與逗號的前後可以適當加入空格，讓程式的結構更清楚，越容易區隔出個別的參數，但並不會影響程式的執行結果。

4. background 函式需要參數指定**顏色**，顏色可以使用個別的 R (紅)、G (綠)、B (藍) 數值指定，0 最淺、255 最深，例如將預設程式中的第 6 行修改如下，只有 G 的顏色是 255，其他兩色是 0，重新執行畫布就會變成綠色了：

⚠ 修改程式後請記得要重新執行才會生效，右邊的預覽區才會呈現目前程式的執行結果喔！

如果 RGB 值都相同，那就只要單一個參數即可，像是預設程式原本的參數只有 220，表示 RGB 都同為 220，和使用 220, 220, 220 是一樣的意思，因此會是淺灰色。

執行函式的動作稱為**呼叫 (call)**，有召喚、調兵遣將的意思。

---

💡⚡ **軟體補給站**

如果程式有錯，p5.js Web Editor 會指出錯誤的那一行，並且在**主控台**窗格中顯示錯誤資訊，例如：

```
> sketch.js ●

1▼ function setup() {
2    createCanvas(300, 200);
3  }
4
5▼ function draw() {
6    background(0, 255, 0;
7  }
```

這一行有錯 ——

主控台                                    清除 ⌄

❌ ▶ SyntaxError: missing )
      after argument list

參數後面少了小括號

---

## 區塊與縮排

您可能已經發現到第 1、3、5、7 行程式的結尾處並沒有加上英文分號，但兩兩成對以**英文大括號 "{}"** 結尾。這種以英文大括號括起來的部分稱為**區塊 (block)**，區塊內會包含其他程式，為了方便辨識區塊，通常會將區塊內的程式加上多個空白字元往右縮排，這些空白字元同樣只是為了提高閱讀性，並不影響程式執行結果。

這兩個區塊的第一行都是以保留字 "function" 起頭，就是讓我們**自己定義函式**提供自訂的功能。"function" 後面跟著的就是**函式的名稱**，函式名稱後面一樣要跟著一對小括號。這裡定義了 setup 與 draw 兩個函式，這兩個函式對於 p5.js 具有特殊意義，每當你按下執行鈕時，就會自動**執行一次 setup 函式裡的程式，然後不斷執行 draw 函式內的程式**，直到你按停止鈕為止。因此，通常會把前置的**準備工作**放在 setup 函式中，然後把要**更新畫布內容**的工作放在 draw 函式中。像是預設程式中，就是在 setup 內設定畫布大小，而在 draw 中變化畫布背景顏色。

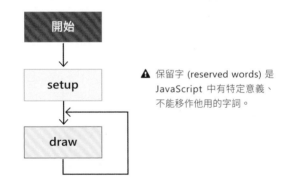

⚠️ 保留字 (reserved words) 是 JavaScript 中有特定意義、不能移作他用的字詞。

## 繪製圖形

p5.js 提供有許多繪製圖形的功能，現在就讓我們恣意揮灑，隨性塗鴉，請將程式改為以下內容：

```
> sketch.js●                          預覽
 1▼ function setup() {
 2    createCanvas(300, 200);
 3    background(220);
 4    ellipse(42, 100, 60, 60);
 5    fill(150);
 6    stroke(0, 255, 255);
 7    strokeWeight(10);
 8    ellipse(114, 100, 60);
 9    noStroke();
10    ellipse(186, 100, 60);
11    noFill();
12    circle(258, 100, 60);
13  }
14
15▼ function draw() {
16  }
```

⚠ 請特別留意 JavaScript 程式有區分大小寫，所以大小寫一定要跟上圖一樣。

修改後請按執行鈕重新執行程式，就會看到右側的執行結果。這個程式作了以下幾件事：

1. 所有程式都集中在 setup 函式內，因為我們只需要繪製一次圖案讓大家看到效果。

2. 畫布的座標系是以左上角為原點 (0, 0)，以這個程式的畫布設定來說，就是：

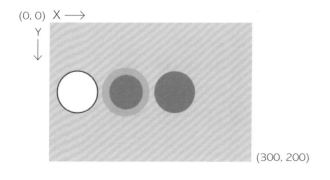

(0, 0) X ⟶

Y

(300, 200)

3. **ellipse 函式**可以繪製橢圓，它的 4 個參數意義如下：

ellipse(中心點 X 座標，中心點 Y 座標，橫軸直徑，縱軸直徑)

如果橫軸與縱軸直徑相同，就相當於繪製圓形，這時可以省略縱軸直徑，如同第 10 行那樣。不過如果要繪製圓形，可以改用 **circle 函式**，格式如下：

circle(中心點 X 座標，中心點 Y 座標，直徑)

第 12 行就改用 circle 函式繪製圓形。

4. 繪製幾何圖形可以控制內部填色，預設是白色，這可以使用 **fill 函式**變更，它的參數就和設定底色時一樣是 RGB 顏色，像是第 5 行就設定為深灰色。要取消填色，也就是圖形內部透明，可以使用 **noFill 函式**，像是第 11 行那樣。

5. 繪製幾何圖形時也可以控制邊線的顏色，預設是黑色，這可以使用 **stroke 函式**邊更，它的參數也是 RGB 顏色，像是第 6 行就將邊線設定為天藍色。你也可以控制邊線的寬度，預設是 1 個像素，這可以用 **strokeWeight 函式**變更，像是第 7 行就改為很粗的 10 個像素。若是不要繪製邊線，可以使用 **noStroke 函式**，像是第 9 行就設定為不要邊線。

依據以上說明，可以看到第 4 行繪製的是最左邊白色黑邊的圓，第 8 行繪製的是天藍色粗邊深灰色的圓，第 10 行繪製的則是無邊線深灰色的圓，第 12 行繪製的是無邊線也沒有填色的透明圓形，因此完全看不見。

⚠ 邊線寬度會平均往圖形內外延伸，寬度越寬，就會吃掉越多圖形內外區域。

## 變數

剛剛的範例中我們在 Y 軸 100 的水平方向上繪製了 4 個圓，如果想要變更 Y 軸位置，例如改在 Y 軸 50 的水平方向上繪製這 4 個圓，就必須更改第 4、8、10、12 行中圓心的 Y 座標。這樣的改法不但很麻煩（有幾個圓就要改幾個地方）而且容易出錯，以下就來介紹解決這個問題的方法 -- **變數**。

**變數**是儲存資料的具名容器，只要將資料放入，就可以在需要的時候取出使用。直接來看剛剛範例的修改版本會比較清楚：

建立變數

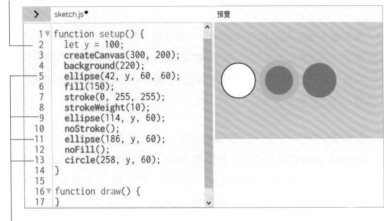

取得變數內的值

1. 第 2 行就是建立名稱為 y 的變數，並放入 100 這個數值到變數中。要注意的是 JavaScript 的等號 (=) 並不是數學中的『相等』，而是**將等號右邊的計算結果放入左邊的變數容器內**的意思。

2. 在第 5 行中，我們使用 y 替代原本的 100，實際執行時就會從變數 y 這個容器中取出其中的資料，也就是 100，執行結果就跟原來直接寫死 100 一樣，第 9、11、13 行也是如此。

你可能會覺得這樣修改後執行結果一模一樣，好像沒有必要？你可以試看看將第 2 行的 100 改為 50：

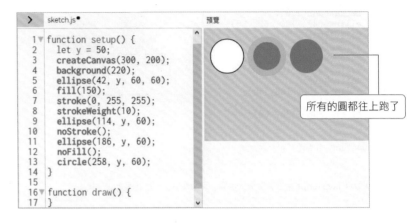

所有的圓都往上跑了

只改了一個地方就可以變更所有圓的水平位置，這就是變數的用處。

⚠ 變數通常會用具有說明意義的名字，像是上例中因為是代表圓心所在的縱座標，所以就取名為 y。這樣的原則在閱讀程式時就會比較容易理解變數的用途。

## 與使用者互動

除了自己建立變數外，p5.js 也提供有許多代表特殊意義的變數，例如：

| width | 畫布的寬度 |
|---|---|
| height | 畫布的高度 |
| mouseX | 滑鼠目前位置的 X 座標 |
| mouseY | 滑鼠目前位置的 Y 座標 |
| mouseIsPressed | 是否按下滑鼠的任何按鍵 |

其中 mouseIsPressed 變數的值並不是數值，而是一種名為**布林 (booling)** 的資料，只有 **true** 或是 **false** 兩種可能，代表**是 / 不是、成立 / 不成立、真 / 假**這類意義，通常會和接著要介紹的 **if** 搭配使用，像是這樣：

```
if(mouseIsPressed) {
    // 按下滑鼠按鍵時要執行的程式
    fill(255);
    circle(mouseX, mouseY, 60);
}
```

⚠️ 以 "//" 起頭的那一行是註解，不會被當成程式執行，通常會在程式中加入適當的註解，讓程式容易理解。即使你的程式只有你自己會閱讀，都建議加上充足的註解，否則時日一久，可能連自己都看不懂。

if 可以根據其後括號內的值是 true 還是 false 決定是否要執行區塊內的程式，以上述例子來說，就是只有在滑鼠按下時才會繪製白色的圓。如果需要在沒有按下滑鼠按鍵時執行不一樣的動作，可以像這樣加入 **else 區塊**：

```
if(mouseIsPressed) {
    // 按下滑鼠按鍵時要執行的程式
    fill(255);
    circle(mouseX, mouseY, 60);
}
esle {
    // 沒有按下滑鼠按鍵時要執行的程式
    fill(220);
    circle(mouseX, mouseY, 60);
}
```

如此就可以在滑鼠按鍵按下時繪製白色的圓，沒有按下時繪製淺灰色的圓了。請依照底下修改程式後重新執行：

```
> sketch.js●                          預覽
1▼ function setup() {
2      createCanvas(300, 200);
3      background(220);
4      noStroke();
5  }
6
7▼ function draw() {
8▼     if(mouseIsPressed) {
9          fill(255);
10         circle(mouseX, mouseY, 60);
11     }
12▼    else {
13         fill(220);
14         circle(mouseX, mouseY, 60);
15     }
16 }
```

按下滑鼠按鍵移動會繪製白色的圓

放開滑鼠按鍵移動會繪製淺灰色的圓（可擦掉白色的圓）

執行後只要在畫布上按住滑鼠按鍵移動就等於圓形畫筆可連續畫白色圓，放開滑鼠按鍵則會因為繪製和底色相同的圓變成圓形橡皮擦可擦除白色區域。

⚠️ p5.js Web Editor 會依據語法元素以不同顏色標示，例如 p5.js 提供的變數名稱會是紫紅色、函式名稱則是加粗的淺藍色；我們自己建立的變數或函式則是不加粗的淺藍色。在鍵入程式的時候，也可以根據顏色判斷是否打錯字或是大小寫錯誤。

## 數學運算

接著再來幫繪製圓形做點變化，我們想讓繪製的圓形依據 Y 座標的位置呈現深淺變化，那麼就可以這樣做：

```
> sketch.js●                          預覽
1▼ function setup() {
2      createCanvas(300, 200);
3      background(220);
4      noStroke();
5  }
6
7▼ function draw() {
8▼     if(mouseIsPressed) {
9          fill(mouseY / height * 255);
10         circle(mouseX, mouseY, 60);
11     }
12 }
```

重新執行後就可以在畫布上任意位置按下滑鼠按鍵，繪製不同深淺灰度的圓。第 9 行指定填色時並不是直接給定數值，而是填入一個算式，JavaScript 常用的運算符號如右：

| + | 加法 |
|---|---|
| - | 減法 |
| * | 乘法 |
| / | 除法 |
| % | 取餘數 |

剛剛的第 9 行就是用 Y 座標的值與畫布高度的比例去換算成 0~255 的灰度。由於依比例轉換不同區間數值很常用到，所以 p5.js 提供有 **map 函式**，我們可以把第 9 行改寫如下：

```
fill(map(mouseY, 0, height, 0, 255));
```

map 函式的第 1 個參數是要轉換的數值，第 2、3 個參數是原始數值區間，第 4、5 個參數是要轉換的目的數值區間，它會依照數值區間等比例將第 1 個參數轉換到目的數值區間內，並傳回轉換結果。

## ⌘ 陣列 (array)

假設現在需要的效果並不是依照 Y 座標等比例變化填色，而是由最外層往內平均分 3 層，最外層黑色，內層淺灰色，中間層深灰色，那麼可以把程式改為這樣：

```
01 function setup() {
02   createCanvas(300, 200);
03   background(220);
04   noStroke();
05 }
06
07 function draw() {
08   if(mouseIsPressed){
09     let level = map(            // 將 Y 座標轉換到 0~5 區間
10       mouseY, 0, height, 0, 5);
```

```
11     level = round(level);        // 再將轉換結果四捨五入
12     if(level==0 || level==5){
13       fill(0);                   // 最外層填黑色
14     }
15     if(level==1 || level==4){
16       fill(100);                 // 靠內一層填深灰色
17     }
18     if(level==2 || level==3){
19       fill(240);                 // 最內層填淡灰色
20     }
21     circle(mouseX, mouseY, 60)
22   }
23 }
```

執行後可在畫布上按住滑鼠按鍵拖曳，效果如下：

由外至內 3 層
非線性變化

這個程式有幾點需要說明：

1. 第 9 行將 map 的參數拆成兩行，其實 JavaScript 並不是依照單行來識別程式，而是依照程式的完整性。當只看到 map 時，JavaScript 會認為程式尚未到一個段落，就會往後繼續看，發現左小括號，知道這是呼叫函式，便會繼續尋找參數，一直到下一行看到右小括號，接著分號，就知道呼叫 map 的部分到此結束。只要符合 JavaScript 的語法，同樣的程式你想分成幾行寫都可以。

2. 由於 map 的轉換結果帶有小數，因此在第 11 行使用 p5.js 提供的 round 函式四捨五入，以便將 Y 座標轉換成 0~5 的整數。

3. 第 12 行的 **"=="** 是相等運算，比較兩邊是否相等，若是結果就是 true，否則為 false。**"||" 是邏輯或運算**，比較兩邊是否至少有一個是 true，若是結果就是 true，否則為 false。因此這一行就是檢查 level 的值是否為 0 或 5，如果是就將填色改為黑色。

4. 第 15 行與第 12 行類似，檢查 level 的值是否為 1 或 4，如果是就將填色改為深灰色。

5. 第 18 行也類似，檢查 level 的值是否為 2 或 3，如果是就將填色改為淺灰色。

6. 區塊內可以再包含其他區塊，慣例上每一層區塊都會利用空白往內縮排，以便在視覺上容易辨識整體結構，易於閱讀與理解程式，像是 8~22 行是第一層、9~21 又往內縮一層，依此類推。

以上的程式由於多層的 if 判斷看起來比較複雜，如果再細分更多層就會更複雜。為了解決這個問題，我們可以使用**陣列 (array)**。陣列就像是一個有很多抽屜的變數，每個抽屜都可以儲存資料，並且依抽屜順序**從 0 開始編號**，要存入或是取出資料時，就指定變數名稱與抽屜編號，例如：

1. 第 2 行用中括號括起來的就是陣列，此例有 3 個抽屜，分別放置 0、100、240 數值，抽屜間和函式的參數一樣要使用逗號隔開。

2. console.log 是 JavaScript 提供的特別函式，可以將參數的值顯示在底下**主控台窗格**。

3. 要從陣列中取出資料，是使用變數名稱加上一對中括號，並在括號內指定抽屜編號（請特別留意編號是**從 0 開始**），因此第 3 行的 colors[0] 就會取得第 1 個抽屜的內容，也就是 0，你可以在底下的 **Console** 窗格看到第一行就顯示 0，底下幾行依序顯示個別抽屜的內容。

有了對陣列的基本認識，就可以修改剛剛的範例：

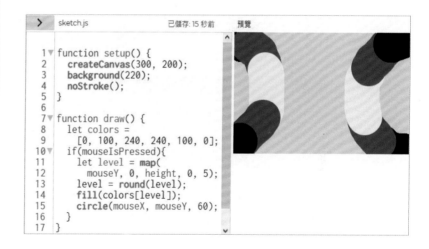

1. 第 9 行建立了包含每一層灰色值的陣列。

2. 第 14 行改成從陣列中取值填色，程式因為少掉了複雜的多層 if 結構而變得非常簡潔。

## 物件、屬性與方法

像是陣列這種不是儲存單一資料的容器，在 JavaScript 中稱為**物件 (object)**，物件除了可儲存資料外，還擁有可描述本身狀態（例如陣列內的抽屜個數）的**屬性 (property)** 與可操作其內資料（例如將陣列內抽屜順序顛倒調換）的**方法 (methods)**。屬性與方法就像是專屬於物件的變數與函式，使用時必須以**英文逗號連結物件名稱與屬性／方法的名稱**，例如：

```
sketch.js                          已儲存: 剛剛

1▼ function setup() {
2    let colors = [0, 100, 240];
3    console.log(colors.length);
4    colors.reverse();
5    console.log(colors[0]);
6    console.log(colors[1]);
7    console.log(colors[2]);
8  }
9
10▼ function draw() {
11 }
```

```
主控台                              清除  ∨

3
240
100
0
```

1. 第 3 行使用陣列的 **length** 屬性取得陣列的抽屜數（抽屜的正式說法是**元素, element**），可以看到底下**主控台**窗格第 1 行顯示 3, 表示共 3 個元素。

2. 第 4 行使用陣列的 reverse 方法將陣列的元素順序顛倒，所以底下 **主控台**窗格顯示的元素順序和建立陣列時的順序是相反的。

了解陣列的屬性後，還可以進一步修改之前三層灰階的範例如下：

```
sketch.js                  已儲存: 15 秒前    預覽

1▼ function setup() {
2    createCanvas(300, 200);
3    background(220);
4    noStroke();
5  }
6
7▼ function draw() {
8    let colors =
9      [0, 100, 240, 240, 100, 0];
10▼   if(mouseIsPressed){
11     let level = map(
12       mouseY, 0, height,
13       0, colors.length - 1);
14     level = round(level);
15     fill(colors[level]);
16     circle(mouseX, mouseY, 60);
17   }
18 }
```

我們將 map 的參數修改成第 12、13 行，主要是將目的數值範圍上限的 5 改成陣列的元素個數減 1。如此一來，即使隨意修改 colors 陣列內容，不必修改其他地方，就可以自動調整灰階數，例如將 8、9 行改成這樣：

```
let colors =
  [0, 100, 150, 180, 210, 240, 100, 0];
```

執行後灰階的變化就更細緻了。

## p5.js 的事件處理

前面的範例我們使用了 mouseIsPressed 來判斷滑鼠按鍵是否按下，如果要判斷單按（按一下）、雙按（連按兩下）等動作，就必須自行監控滑鼠按鍵從沒按到按下再到放開的細部動作，非常麻煩。這些我們想偵測的動作統稱為『**事件 (events)**』，p5.js 提供有便利的機制可以讓我們在特定的事件發生時執行對應的程式區塊，只要撰寫以下特定名稱的函式，就會在發生對應事件時自動執行：

| 函式名稱 | 對應事件 |
| --- | --- |
| mouseMoved | 沒有按住按鍵移動滑鼠 |
| mouseDragged | 按住按鍵拖曳滑鼠 |
| mousePressed | 按下滑鼠按鍵 |
| mouseReleased | 放開滑鼠按鍵 |
| mouseClicked | 單按滑鼠按鍵 |
| doubleClicked | 雙按滑鼠按鍵 |
| keyTyped | 按一下鍵盤按鍵 |

以下就是一個每按一下滑鼠按鍵就會繪製一個圓的程式：

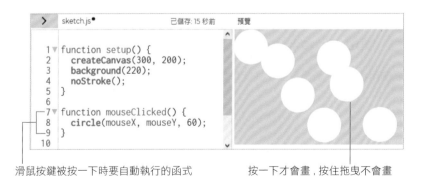

滑鼠按鍵被按一下時要自動執行的函式　　　　按一下才會畫，按住拖曳不會畫

執行後會發現按一下滑鼠按鍵會畫圓，若是按住按鍵拖曳滑鼠會在放開時才畫圓。

⚠ 如果不需要 draw 函式，您也可以將之刪除，像是本例一樣。

利用這個機制，我們也可以加入按下鍵盤上的 C 清除畫布的功能，這除了要用到前面介紹過的 keyPressed 函式外，還需要使用到 p5.js 提供的 **key 變數**，它可以告訴我們按下的是哪一個按鍵：

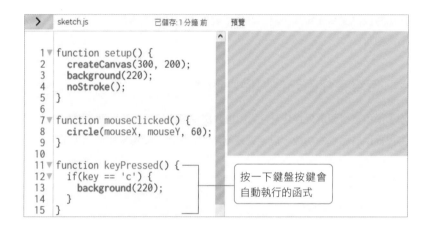

按一下鍵盤按鍵會自動執行的函式

第 12 行使用 if 判斷按下的按鍵，注意到前面使用過的 == 不但可以比較數值，也可以比較文字資料。在 JavaScript 中，文字資料稱為『**字串 (string)**』，必須用成對的英文單引號或雙引號括起來，像是這裡的 'c'。所以這一行就是在判斷鍵盤上按下的是不是小寫的 c，如果是就將背景回復成淺灰色，相當於清除所有繪製的結果。

執行後一樣可以按一下滑鼠按鍵繪製圓，但只要按一下鍵盤上的 C 就會清除畫布，是不是很厲害！

你可能已經發現剛剛的程式若是按大寫的 C 並不會清除畫布，這是因為第 12 行的判斷只比較了小寫的 c。要解決這個問題，有兩種改法：

```
if(key == 'c' || key == 'C') {
```

或是

```
if(key.toLowerCase() == 'c') {
```

前者是用 || 將兩種可能都列入判斷,後者是利用字串物件的 toLowerCase
方法將按鍵文字先轉成小寫,這樣不論輸入的是小寫還是大寫,都只要比較
小寫即可。

## 使用者介面元件與回呼函式

除了使用滑鼠與鍵盤操作外,我們也會需要按鈕等其他使用者介面,在 p5.js
中也提供有對應的功能。以下就將剛剛的範例改成使用按鈕清除畫布:

```
sketch.js                          已儲存:剛剛    預覽

1 ▼ function setup() {
2       createCanvas(300, 200);
3       background(220);
4       noStroke();
5       let btn = createButton('清除');
6       btn.mouseClicked(clearAll);
7   }
8
9 ▼ function mouseClicked() {
10      circle(mouseX, mouseY, 60);
11  }
12
13 ▼ function clearAll() {
14      background(220);
15  }
```

清除 ← 建立的按鈕

1. 第 5 行的 **createButton 函式**可以建立按鈕,傳入的參數就是按鈕上要
   顯示的標題文字,按鈕會出現在畫布的底下,我們將這個按鈕物件放入
   變數 btn 內。

2. 按鈕物件提供有 **mouseClicked 方法**,可以指定按鈕被按一下時要自動
   執行的函式。我們在 13~15 行先準備好會清除畫布的 clearAll 函式,並
   在呼叫 mouseClicked 方法時傳入 clearAll 函式的名稱,p5.js 就知道當
   使用者按一下這個按鈕時,要呼叫 clearAll 函式,因而清除畫布。

像是 clearAll 這樣專門提供給系統用來在發生特定事件時通知程式以便執行
相應工作的函式稱為『**回呼函式 (callback)**』,在後續的章節中還會看到許多
回呼函式的例子,它可以讓程式先執行其他工作,而不必耗費時間不斷檢查
是否發生特定事件,之前處理滑鼠按一下也是類似的機制。

這個程式執行之後,就可以按一下畫布下方的**清除**來清除畫布。不過你會發
現清畫布後,會在畫布靠近按鈕處繪製一個不完整的圓,這是因為按一下
按鈕的動作同時也會引發滑鼠的按一下事件。我們可以利用 Y 座標濾掉按
按鈕的狀況不要畫圓,請如下修改第 9~10 行的 mouseClicked 函式:

```
function mouseClicked() {
  if(mouseY <= height) {
    circle(mouseX, mouseY, 60);
  }
}
```

如此就只有在畫布上按一下才會畫圓。

## 使用 p5.js 操控攝影機

要使用攝影機,最簡單的程式就是建立串流擷取物件,例如:

其中 **VIDEO** 是 p5.js 提供的變數，代表**影像串流**，建立後會自動在網頁上開啟相機畫面，顯示即時影像。不過這個即時影像是原尺寸，相機解析度越高佔的空間就越大，而且實際運用時通常會將影像處理過後才顯示，因此以下改成隱藏即時畫面，由程式繪製到畫布上：

```js
let cam;
let w = 300;
let h;
function setup() {
  cam = createCapture(
    VIDEO,
    videoReady
  );
}

function videoReady() {
  cam.hide();
  h = cam.height * w / cam.width;
  createCanvas(w, h);
}

function draw() {
  image(cam, 0, 0, w, h);
}
```

1. 第 1 行的變數 cam 是用來儲存程式建立的串流擷取物件；第 2、3 行是用來依照相機解析度長寬比例計算畫布寬高的變數。

2. createCapture 可以傳入第二個參數，它是一個回呼函式，會在相機啟動完可運作時被呼叫，我們傳入的 videoReady 會依據相機的解析度寬高比例建立寬度為 300 的畫布，避免扭曲影像。

3. 第 12 行使用串流擷取物件的 hide 方法隱藏原本會自動出現的即時影像。

4. 在 videoReady 函式中會透過串流擷取物件的 width 與 height 屬性取得相機的解析度，並依此建立等比例大小的畫布。

5. 第 18 行使用 image 函式在畫布上繪製影像，第 1 個參數是影像來源，傳入串流擷取物件會繪製當時的影像。後面 4 個參數是畫布上影像的左上角座標以及繪製的寬與高。

利用這樣的方式，就可以透過 draw 不斷繪製即時影像到畫布上了。

## p5.js 的便利功能

為了方便撰寫程式, p5.js 還提供有許多便利的函式, 例如 **nf** 可以將數值依照指定位數轉成字串, 格式如下:

nf(要轉換的數值, 整數位數, 小數位數)

實際使用範例如下:

```
> sketch.js                        已儲存: 剛剛
1▼ function setup() {
2    let a = 3.65431;
3    console.log(nf(a, 0, 1));
4    console.log(nf(a, 2, 2));
5  }
主控台                                    清除 ∨
      3.6
      03.65
```

你可以看到取小數位數時並不會四捨五入, 另外如果整數位數不足, 會在開頭補 'O'。

## 使用作品集管理草稿

一旦你開始練習後, 就會在 p5.js Web Editor 上建立許多草稿, 這時可以使用**作品集 (collection)** 來管理草稿, 作品集類似資料夾, 但沒有層級架構, 而且同一個草稿可以加到不同的作品集中, 不像是檔案只能在單一個資料夾內。請依照以下的步驟建立作品集:

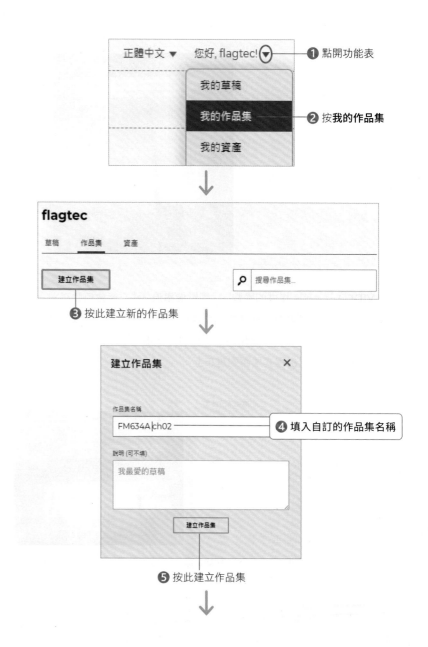

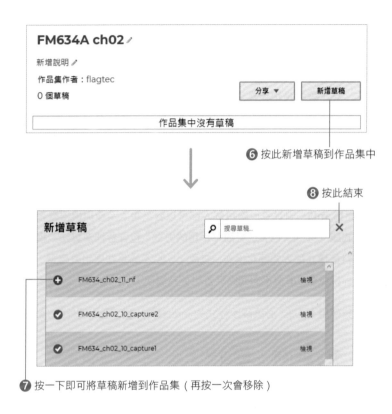

❻ 按此新增草稿到作品集中

❽ 按此結束

❼ 按一下即可將草稿新增到作品集（再按一次會移除）

作品集除了方便我們管理草稿外，也可以分享給別人使用，分享的方式如下：

❶ 按此分享

❷ 複製此網址即可讓他人開啟此作品集

你不用擔心別人開啟你的作品集後隨意亂改，因為其他人修改的結果若要存檔，會建立副本存在他們的帳號內，不會修改你帳號內的原始草稿。像是本章的所有範例就都分享在單一作品集內，網址是 https://editor.p5js.org/flagtec/collections/DfE9Q5APQ。

到這裡，我們就把 JavaScript 以及 p5.js 一定要知道的基礎介紹完，下一章開始就要邁入硬體與 AI 的國度了。

⚠ 後續各章我們會用 JS 來簡稱 JavaScript，方便說明。

軟體補給站

深入學習

以上介紹的只是冰山一角，如果想進一步了解 p5.js 還有什麼功能？可至官網 https://p5js.org/。如果要深入學習 JavaScript，https://www.w3schools.com/js/ 有不錯的的線上教學。

# 3

# 認識 ml5.js

為了讓大家都能更快速方便地實作機器學習，
不必被繁瑣的低階語法所牽制，ml5.js 可以讓
使用者注重於發想更多機器學習相關應用。

## 3-1 ml5.js

在機器學習的世界裡，通常會使用 **Python** 程式語言加上 **TensorFlow** 框架來實作，為了讓網頁也能具備**機器學習**的能力，於是便有人將 TensorFlow 框架移植到網頁上，變成 **JavsScript** 版的 **TensorFlow.js**（以下簡稱 **tfjs**）。不過 tfjs 無論是在架構神經網路、訓練模型或應用上，程式寫法都比較複雜繁瑣，並不適合初學者使用。

前面我們介紹了 **p5.js**，它讓設計者可以在網頁瀏覽器上快速繪圖，而 **ml5.js**（以下簡稱 **ml5**）則是基於讓每個人都可以容易跨入及參與機器學習領域而生的**程式庫**，將 tfjs 包裝成更簡單使用的方式，包含各種**演算法**、**模型訓練**以及**資料集建立**都大幅簡化操作，搭配 p5.js 不論是在應用或學習上，都更能將過程視覺化，串接不同回饋裝置也更為簡便。

為了能夠使用 ml5.js，必須修改程式的 index.html 檔，匯入額外的 JavaScript 檔案：

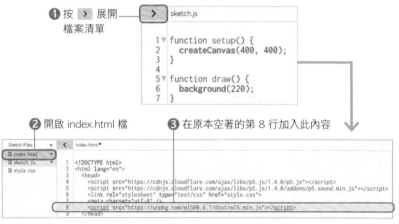

HTML

```
<script src="https://unpkg.com/ml5@0.6.1/dist/ml5.min.js"></script>
```

本套件後面的實驗大部分都需要 ml5.js 程式庫，每次實作都要再另外修改 HTML 著實不方便，所以我們有提供一個 p5.js Web Editor 範本檔案『**LAB00_ 用 JS 學 ML**』，預先修改好 HTML 匯入套件中會使用到的程式庫程式碼，每次要編寫新的實驗就可以開啟這個檔案另存副本即可，此檔案隨本套件範例程式皆放在同一個作品集 (Collection)，只要連線『**https://www.flag.com.tw/maker/FM634A/JS**』，再按『**LAB00_ 用 JS 學 ML**』就可開啟：

p5.js Web Editor 確認為已登入狀態後，執行『**檔案 / 建立副本**』複製檔案，這樣一來就會變成自己的文件了。

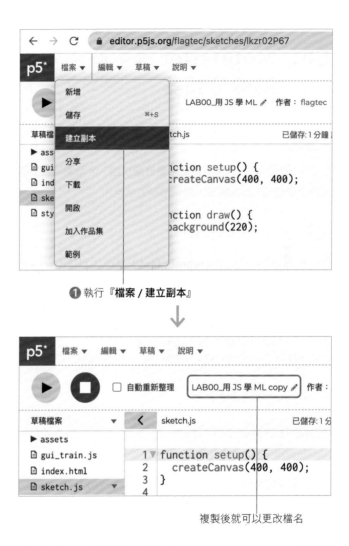

❶ 執行『**檔案 / 建立副本**』

複製後就可以更改檔名

接著我們就來使用預先訓練好的模型 (Pre-training model) 直接進行**預測 (predict)** 吧。

# LAB01 MobileNet 模型應用 --
# 影像分類器

**實驗目的**

在網頁中使用已經訓練好的模型建立影像分類功能，來預測電腦攝影機所拍攝的影像是什麼物品，並在網頁上顯示預測的結果。

**設計原理** p5.js Web Editor

要在網頁上顯示文字可以利用 **createP('text')** 來建立 HTML 的 **<p></p>** **文字段落元素**，再使用該物件的 **style** 方法來更改其 **CSS 屬性**設定字體大小：

```
resultsP = createP('讀取模型和攝影機');
resultsP.style("font-size", "22px");
```

之後就可以如下在網頁上顯示文字：

```
resultP.html('要顯示的文字');
```

**知識補給站**

**階層樣式表 (Cascading Stylesheets, CSS)** 可以讓你變化 HTML **元素 (element)** 的**樣式 (style)**，也就是文字顏色、大小或位置等等，更多 CSS 相關知識可參考右邊連結：

https://reurl.cc/WXkL6L

使用 ml5 建立分類器前先定義變數：

```
let classifier;    // 分類器物件
let video;         // 攝影機擷取的影像
let resultsP;      // 提示文字(位於影像下方)
```

為了處理擷取到的影像需要使用 **createCapture()**：

```
video = createCapture(VIDEO);
```

接著建立**影像分類器 (image classifier)** 物件：

```
classifier = ml5.imageClassifier('MobileNet', video, modelReady);
```
　　　　　　　　　　　　　　　　　　　　模型　　影像來源　回呼函式

模型使用現成的 **MobileNet** 模型，影像使用剛才建立的 **video** 物件，**回呼函式 (callback function)** 則使用稍後會自定義的 **modelReady** 函式。

**MobileNet** 模型是搜集了 1000 種物品的大量照片進行訓練而成的分類模型，代表該模型只能預測（辨識）這 1000 種物件，詳細分類清單可以到 ml5 程式庫的 GitHub 頁面 (https://reurl.cc/emXkex) 查詢。

**知識補給站**

除了使用預先訓練好的模型，也可以使用 Google 提供的 **Teachable Machine** 線上影像分類服務所訓練的模型，有興趣的讀者可以參考我們的延伸教學：

https://hackmd.io/
@flagmaker/HJsjJ9cVt

建立分類器時會從網路下載指定的模型，下載完成後會呼叫你提供的回呼函式，以下是回呼函式 **modelReady**，它會執行自定義函式 **classifyVideo**：

```
function modelReady() {
  console.log('模型讀取完畢');
  classifyVideo();
}
```

classifyVideo 會使用分類器的 classify 方法對目前影像進行分類，它需要一個回呼函式以便在辨識出結果時通知程式：

```
function classifyVideo() {
  classifier.classify(gotResult);
}
```

提供給 classify 方法的回呼函式必須要有兩個參數 **error** 和 **results**，前者存放**錯誤訊息**，後者為**預測結果**，這裡我們只對 **results** 做處理。results 是一個**陣列**，其中每一個元素是一個物件，物件中有 **label** 與 **confidence** 屬性，分別代表**分類名稱**與**信心值**，信心值為 0~1 的數值，代表有多確信分類結果是正確的。各元素依據**信心值由高至低**排列，因此第一個即是信心最高的預測結果，我們可以將**分類名稱**與**信心值**顯示於網頁，最後再次執行 **classifyVideo** 函式讓程式重新進行分類，這樣就可以一直對攝影機內的影像進行預測：

```
function gotResult(error, results) {
  resultsP.html(results[0].label + ' ' +
    nf(results[0].confidence, 0, 2));
  classifyVideo();
}
```

要特別說明的是加法符號用在字串上不是數學加法，而是串接字串的功能。

**知識補給站**

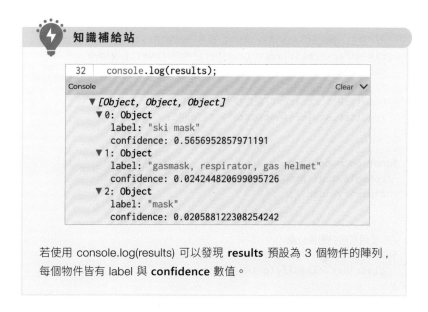

若使用 console.log(results) 可以發現 **results** 預設為 3 個物件的陣列，每個物件皆有 label 與 **confidence** 數值。

**程式設計** **p5.js Web Editor**

請連線『**https://www.flag.com.tw/maker/FM634A/JS**』，找到作品集中的範本檔案『**LAB00_ 用 JS 學 ML**』，開啟後再執行『**檔案 / 建立副本**』複製檔案，就可以開啟 **sketch.js** 檔鍵入以下程式：

**LAB01_影像分類器**　　　　　　　　　　　　　　　JS

```
let classifier; // 分類器物件
let video;      // 攝影機擷取的影像
let resultsP;   // 提示文字(位於影像下方)

function setup() {
  // 刪除預設的畫布
  noCanvas();
  // 開啟攝影機
  video = createCapture(VIDEO);
  console.log("讀取模型中...")
```

```
// 建立 imageClassifier 物件，使用 modelReady 當作回呼函式
classifier = ml5.imageClassifier('MobileNet', video,
modelReady);
// 顯示文字在畫面上
resultsP = createP('讀取模型和攝影機');
resultsP.style("font-size", "22px");
}


function modelReady() {
  console.log('模型讀取完畢');
  classifyVideo();
}


// 使用目前的影像分類
function classifyVideo() {
  classifier.classify(gotResult);
}


// 當你得到預測結果
function gotResult(error, results) {
  // 顯示標籤和機率(小數點後取兩位)
  resultsP.html(results[0].label + ' ' +
    nf(results[0].confidence, 0, 2));
  classifyVideo();
}
```

實測

按下編輯器左上角 ▶ 或 Ctrl + Enter 後，會看到右邊預覽窗格出現**讀取模型和攝影機**文字，接著需要允許瀏覽器取用**攝影機權限**：

待攝影機畫面出現後，可看到**攝影機畫面**下方顯示**預測結果**與**信心值**：

cup 0.62

預測結果為杯子且信心值達 0.62

## 3-2　ml5.js 特徵萃取器

在前面的實驗用到了 ml5 的**影像分類器**透過已訓練好的**模型**來辨識影像，接著要介紹的是 ml5 的**特徵萃取器 (FeatureExtractor)**，利用已經訓練好的模型中的一部分，再增加新的資料進行訓練成新的模型，這種方式稱為**遷移學習 (Transfer Learning)**。

特徵萃取器的建立方式為：

```
featureExtractor = ml5.featureExtractor(model, ?callback);
```
　　　　　　　　　　　　　　　　　　　　　　模型　　回呼函式

特徵萃取器可以做影像分類：**featureExtractor.classification()**，即加入樣本重新訓練來進行預測；或者也可以用來處理第 1 章提過的**迴歸問題：featureExtractor.regression()**，即加入樣本標籤訓練後，再使用神經網路找出其關聯性，只是這邊這是以**影像**的方式來做迴歸分析。以下即是建立迴歸物件的方式，與先前影像分類器相似：

```
predictor = featureExtractor.regression(video,videoReady);
```

若要將當前影像加入樣本資料則是：

```
predictor.addImage(label);
```
　　　　　　　　　　　label 即是欲加入樣本的標籤

在接下來的實驗中都會需要建立許多**視覺化介面 (GUI)**，但這並不在本套件的主要教學範疇，會將程式碼另外存放於其他 JS 檔案，而這些都已經放在前面提到的範本檔案『**LAB00_ 用 JS 學 ML**』裡，有興趣的讀者可以自行參照：

▲ 視覺化介面相關自定義函式會在 **gui.js**，而不在 **sketch.js**

## LAB02　手勢小蜜蜂

### 實驗目的

使用 ml5 內建的特徵萃取器在現有模型中加入**手掌出現在不同位置的畫面**作為**新的樣本**，而**標籤**為另外在網頁透過**滑桿**調整的數值，訓練後可以透過畫面中**手掌的位置**預測數值後播放對應頻率的聲音，設計一個可帶你演奏小蜜蜂的教學程式。

先定義相關變數，**小蜜蜂**這首曲子開頭部分音符的**頻率**與畫面對應頻率的最大最小值：

```
let notes = [392 ,330 ,330 ,
             349 ,294 ,294 ,
             262 ,294 ,330 ,349 ,392 ,392 ,392];

let noteMin = 200;      // 畫面最左值對應的頻率
let noteMax = 450;      // 畫面最右值對應的頻率
```

在 setup() 函式中需要先建立影像物件 **video**，但我們使用的 **featureExtractor** 程式庫也會將畫面顯示出來，如此便會出現兩個畫面，所以我們需要將原始影像物件**隱藏**：

```
video = createCapture(VIDEO);
video.hide();
```

建立 **featureExtractor** 物件命名為 **mobilenet** 並使用 modelReady 當作回呼函式，然後再建立**迴歸物件**名為 **predictor**：

```
mobilenet = ml5.featureExtractor('MobileNet',modelReady);
predictor = mobilenet.regression(video,videoReady);
```

GUI 部分分別建立**滑桿**、**增加樣本按鈕**、**開始訓練按鈕**以及**文字**：

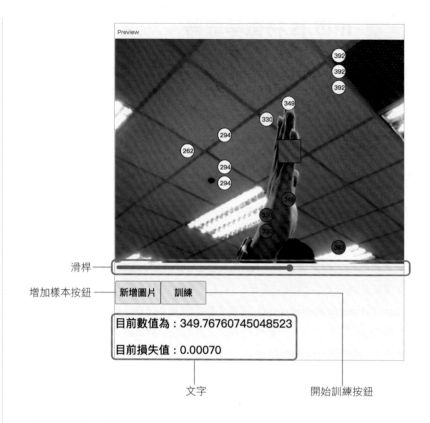

在 gui.js 中提供有建立各種使用者介面的函式，其中 guiSlider 可以建立滑桿，並設定滑桿左右兩端代表的數值，以下就是建立調整作為**樣本標籤數值**的滑桿：

```
// 建立滑桿
slider = guiSlider(noteMin, noteMax);
```

guiButton 則可以建立一般按鈕，並指定按鈕上要顯示的文字與按鈕被按一下時要執行的回呼函式，以下就分別建立用來增加樣本與開始訓練模型的按鈕：

```
// 建立增加訓練樣本按鈕
guiButton('新增圖片', addImageLabel);
// 建立訓練按鈕
guiButton('訓練', trainPredictor);
```

guiText 則會使用 createP() 建立文字元素，並預設文字大小為 24，以下就是建立用來顯示照片數量以及訓練時損失值的文字元素：

```
// 建立文字
resultsP = guiText("目前相片數量:" + photoCount);
resultsLoss = guiText('目前損失值:');
```

定義**增加樣本**標籤到迴歸物件的函式，由於所增加的值相當大（介於 200 至 450 之間），在神經網路中，都是靠**誤差**進行訓練，過大的數值進行訓練會造成誤差**無法收斂**而達不到我們預期的狀態，所以必須先進行**資料正規化 (normalization)**，這裡使用 **map()** 將滑桿數值（標籤）範圍從原本的 200~450 類比至 0~1 之間：

```
function addImageLabel(){
    // 將標籤正規化(範圍落在0~1)
    let newLabel = map(slider.value(),noteMin,noteMax,0,1);
    predictor.addImage(newLabel);
}
```

假設神經網路學習前的公式為 y=x+1，如果輸入訓練資料（輸入：2，輸出：5），可以如下推出誤差值：

神經網路是靠誤差在進行學習的，因此要是位數太大時誤差也會加大，造成難以訓練，例如輸入訓練資料（輸入：100，輸出：201）

$$x=100 \longrightarrow y=2x+1 \longrightarrow y=201$$
$$x=100 \longrightarrow y=x+1 \longrightarrow y=101 \quad\Big\}\ 誤差 =201-101=100$$

▲ 雖然要訓練的網路是一樣的，卻因為使用位數較大的訓練資料，而有較大的誤差。

接著定義訓練神經網路的函式，這裡會再定義回呼函式 whileTraining 取得訓練過程的相關訊息：

```
function trainPredictor(){
    predictor.train(whileTraining);
}
```

在訓練過程的回呼函式將訓練得到的**損失值 (loss)** 顯示到網頁，若訓練結束則會得到一個特別的 **null 物件**，代表為空值，即可啟動**預測**程序：

```
function whileTraining(loss){
    if(loss == null){
        console.log('訓練完畢');
```

```
      readyTrain = true;
      predictor.predict(gotResults);
      return;
    }
    else{
      resultsLoss.html("目前損失值 : "+ loss);
    }
}
```

**gotResults** 這個回呼函式是用來處理**預測結果**，若是沒有發生錯誤便將預測值存入變數 **value**，再重新進行預測：

```
function gotResults(error,results){
  // 如果發生錯誤
  if(error){
    console.error(error);
  }
  else{
    value = results.value;
    predictor.predict(gotResults);
  }
}
```

而 **draw()** 函式中則需要先水平翻轉畫面，讓畫面像**鏡子**一樣方便對應實際左右邊，這邊是使用定義在 gui.js 中的函式 **xFlip()**，接著再判斷是否為**訓練完成**狀態，若是則依照預測結果在該對應 x 軸位置畫出一個**方形**：

```
xFlip();
if(readyTrain == true){
  rectMode(CENTER);
  // 指定這行程式開始的填色（粉色）
  fill(255,0,200);
  // 畫方形
  let position = map(value,0,1,0,width);
  rect(position,height/2,50,50);
```

另外，也要將**預測值**轉換成要播放的**音調**，並移動畫布下方的滑桿與更新文字顯示內容：

```
// 預測的音調值（最小值 + 預測值×數值範圍）
let predictNote = noteMin + value * (noteMax - noteMin);
// 根據預測值移動滑桿位置
slider.value(predictNote);
// 文字根據預測值更改
resultsP.html("目前數值為 : " + predictNote);
// 確認預測值與音符是否相同
checkCorrect(predictNote);
```

最後會利用自訂的 checkCorrect 函式比較目前預測到的音調是否符合小蜜蜂旋律的下一個音調，若正確會使用由 audio.js 提供的 audioPlay 函式播放指定音調的聲音 0.3 秒：

```
// 確認音符是否正確
function checkCorrect(note){
  changeColor();
  let now = new Date().getTime()
  // 如果還沒演奏完且迴歸結果接近目前音符頻率
  if(nowNote < notes.length &&
    notes[nowNote] <= round(note) + 3 &&
    notes[nowNote] >= round(note) - 3 &&
    now - last >= 500){
      audioPlay(notes[nowNote]);
      nowNote++;
      last = now;
  }
  // 若是已演奏完最後一個音符
  else if(nowNote >= notes.length && now - last >= 1000){
    nowNote = 0; // 重新開始
  }
}
```

**p5.js Web Editor**

請連線『**https://www.flag.com.tw/maker/FM634A/JS**』, 找到作品集中
的範本檔案『**LAB00_ 用 JS 學 ML**』, 開啟後再執行『**檔案 / 建立副本**』複製
檔案, 就可以開啟 **sketch.js** 檔鍵入以下程式:

---

**LAB02_手勢小蜜蜂**　　　　　　　　　　　　　　　　　　　JS

```js
// 小蜜蜂開頭旋律
let notes = [392 , 330 , 330 ,
             349 , 294 , 294 ,
             262 , 294 , 330 , 349 , 392 , 392 , 392];
let noteMin = 200;        // 畫面最左值對應的頻率
let noteMax = 450;        // 畫面最右值對應的頻率

let mobilenet;            // 網路模型
let predictor;            // 迴歸物件
let video;                // 影像
let value = 0;            // 迴歸後的值
let slider;               // 滑桿
let photoCount = 0;       // 目前相片數量
let resultsP;             // 顯示相片數量
let resultsLoss;          // 顯示損失值
let readyTrain = false;   // 是否訓練完成

function modelReady(){
  console.log("模型準備完成");
}

function videoReady(){
  console.log("已經開啟攝影機");
}

// 增加訓練標籤到迴歸物件中
function addImageLabel(){
  // 將標籤正規化(範圍落在 0~1)
  let newLabel = map(slider.value(), noteMin, noteMax, 0, 1);
  predictor.addImage(newLabel);
  photoCount = photoCount + 1;
  // 更改文字顯示
  resultsP.html("目前相片數量 : " + photoCount);
}

// 訓練神經網路
function trainPredictor(){
  predictor.train(whileTraining);
}

// 訓練過程
function whileTraining(loss){
  if(loss == null){
    console.log('訓練完畢');
    readyTrain = true;
    predictor.predict(gotResults);
    return;
  }
  else{
    resultsLoss.html("目前損失值 : " + loss);
  }
}

// 取得結果
function gotResults(error, results){
  // 如果發生錯誤
  if(error){
    console.error(error);
  }
  else{
    value = results.value;        // 結果落在 0~1 之間
    predictor.predict(gotResults);
  }
}

function setup() {
```

```
// 建立畫布
createCanvas(640, 480);
// 開啟攝影機
video = createCapture(VIDEO);
// 隱藏攝影機畫面(之後會顯示在畫布上)
video.hide();
console.log("讀取模型中...")
// 建立 featureExtractor 物件，使用 modelReady 當作回呼函式
mobilenet = ml5.featureExtractor('MobileNet', modelReady);
// 建立迴歸物件
predictor = mobilenet.regression(video, videoReady);

// 建立滑桿
slider = guiSlider(noteMin, noteMax);
// 建立 增加訓練樣本 按鈕
guiButton('新增圖片', addImageLabel);
// 建立 訓練 按鈕
guiButton('訓練', trainPredictor);
// 建立文字
resultsP = guiText("目前相片數量:" + photoCount);
resultsLoss = guiText('目前損失值:');
}

function draw(){
  // 根據 x 軸翻轉畫面
  xFlip(video);

  if(readyTrain == true){
    rectMode(CENTER);
    // 指定這行程式下的物件顏色（粉色）
    fill(255, 0, 200);
    // 畫方形
    let position = map(value, 0, 1, 0, width);
    rect(position, height/2, 50, 50);

    // 預測的音調值（最小值 + 預測值×數值範圍）
    let predictNote = noteMin + value * (noteMax - noteMin);
```

```
    // 根據預測值移動滑桿位置
    slider.value(predictNote);
    // 文字根據預測值更改
    resultsP.html("目前數值為 : " + predictNote);
    // 確認預測值與音符是否相同
    checkCorrect(predictNote);
  }
}

// 目前第幾個音符
let nowNote = 0;

// 紀錄時間
let last = new Date().getTime();

// 在畫面上對應位置繪製音符
function drawNote(i, r, g, b) {
  fill(r, g, b);
  // 依照頻率對應到水平位置
  let x = map(notes[i], noteMin, noteMax, 0, width);
  let stairs = notes.length + 1; // 垂直方向分為音符數 +1 段
  let y = height - (height / stairs + height / stairs * i)
  ellipse(x, y, 30, 30); // 繪製圓形
  fill(0);
  textSize(13);
  text(notes[i].toString(), x - 10, y + 5); // 繪製頻率數值
}

// 確認音符是否正確
function checkCorrect(note){
  changeColor();
  let now = new Date().getTime()
  // 如果還沒演奏完且迴歸結果接近目前音符頻率
  if(nowNote < notes.length &&
    notes[nowNote] <= round(note) + 3 &&
    notes[nowNote] >= round(note) - 3 &&
    now - last >= 500){
```

```
    audioPlay(notes[nowNote]);
    nowNote++;
    last = now;
  }
  // 若是已演奏完最後一個音符
  else if(nowNote >= notes.length && now - last >= 1000){
    nowNote = 0; // 重新開始
  }
}

// 換音符顏色(畫音符)
function changeColor(){
  // 以白色圓形繪製尚未演奏過的音符
  for(let i = nowNote;i < notes.length;i++){
    drawNote(i, 255, 255, 255);
  }
  // 以藍色圓形繪製演奏過的音符
  for(let i = 0;i < nowNote;i++){
    drawNote(i, 0, 0, 255);
  }
}
```

**實測**

按下 ▶ 或 ⌈Ctrl⌋ + ⌈Enter⌋ 後, 待看到預覽視窗出現攝影機畫面即可開始**增加樣本**, 預計加入**左、中、右**各約 30 張樣本:

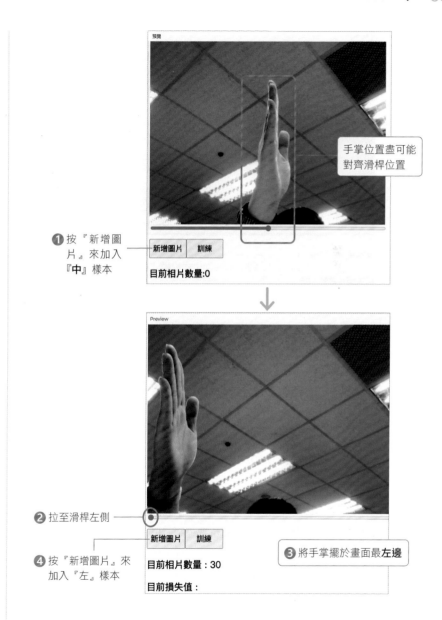

手掌位置盡可能對齊滑桿位置

❶ 按『新增圖片』來加入『中』樣本

❷ 拉至滑桿左側

❸ 將手掌擺於畫面最**左邊**

❹ 按『新增圖片』來加入『左』樣本

❺ 滑桿拉至右側

❻ 再以相同方式拍攝『右』樣本

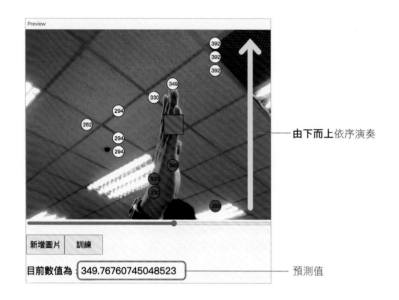

由下而上依序演奏

預測值

加入各約 30 張樣本後，按下『**訓練**』按鈕，若**損失值**不斷縮小，表示神經
網路誤差 (error) 正在收斂：

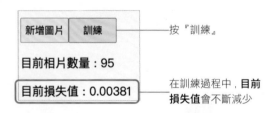

按『訓練』

在訓練過程中，**目前
損失值**會不斷減少

待訓練完成後，畫面會出現不同位置、頻率的小**圓形圖示**，以及用當前預測
值來變化位置的**方形圖示**，試著用**手掌位置**控制方形圖示，並**由下而上**依序
**垂直對齊**每個圓形圖示，每次成功對齊位置就會發出該對應頻率的聲音，而
**預測值**則會即時不斷顯示於『**目前數值**』：

40

# 4

## 控制板與 Python 簡介

前一章我們已經初步認識了機器學習，但輸入和辨識結果都只能在網頁上，若是要接收感測器的資訊，或是要將資訊顯示在實體的顯示器上，都需要有相對應硬體控制，本章將介紹從設定開發環境到如何使用 Python 來控制硬體。

**4-1** **D1 mini 控制板簡介**

D1 mini 是一片單晶片開發板，你可以將它想成是一部小電腦，可以執行透過程式描述的運作流程，並且可藉由兩側的輸出入腳位控制外部的電子元件，或是從外部電子元件獲取資訊。

另外 D1 mini 還具備 **Wi-Fi 連網**的能力，可以將電子元件的資訊傳送出去，也可以透過網路從遠端控制 D1 mini。

有別於一般控制板開發時必須使用比較複雜的 C/C++ 程式語言，D1 mini 可透過易學易用的 **Python** 來開發，Python 是目前當紅的程式語言，後面就讓我們來認識 Python。

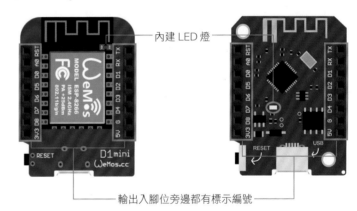

內建 LED 燈

輸出入腳位旁邊都有標示編號

⚠ 套件內附的 D1 mini 控制板外觀可能是上列兩種之一，本書後續圖示或是照片都使用左邊款式代表，雖然外觀不同，但功能一樣，操作方法也都一樣。

**4-2** **安裝 Python 開發環境**

在開始學 Python 控制硬體之前，當然要先安裝好 Python 開發環境。別擔心！安裝程序一點都不麻煩，甚至不用花腦筋，只要用滑鼠一直點下一步，不到五分鐘就可以安裝好了！

## 下載與安裝 Thonny

Thonny 是一個適合初學者的 Python 開發環境,請連線 **https://thonny.org** 下載這個軟體:

⚠ 使用 **Mac/Linux** 系統的讀者請點選相對應的下載連結。

下載後請雙按執行該檔案,然後依照下面步驟即可完成安裝:

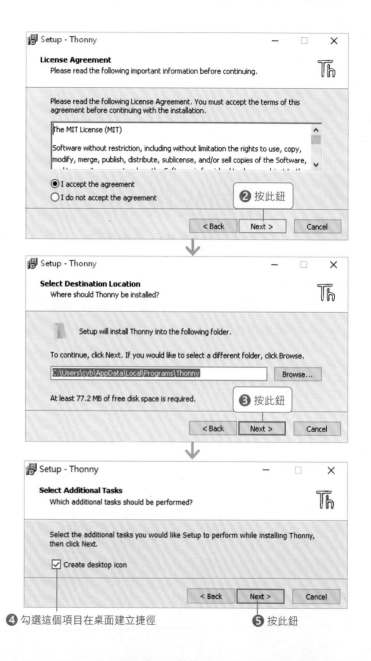

⑥ 按此鈕開始安裝

看到這個畫面
表示安裝完畢了

⑦ 按此鈕結束安裝程序

## 開始寫第一行程式

完成 Thonny 的安裝後,就可以開始寫程式啦!

請按 Windows 開始功能表中的 **Thonny** 項目或桌面上的捷徑,開啟 Thonny 開發環境:

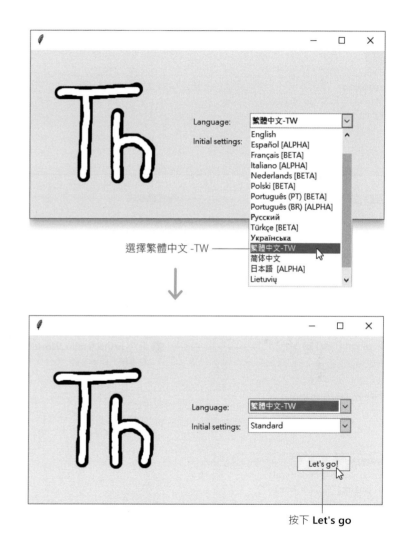

選擇繁體中文 -TW

按下 **Let's go**

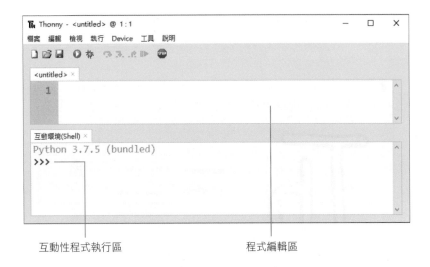

互動性程式執行區　　　　　　　　程式編輯區

Thonny 的上方是我們撰寫編輯程式的區域，下方**互動環境 (Shell)** 窗格則是互動性程式執行區，兩者的差別將於稍後說明。請如下在 **Shell** 窗格寫下我們的第一行程式

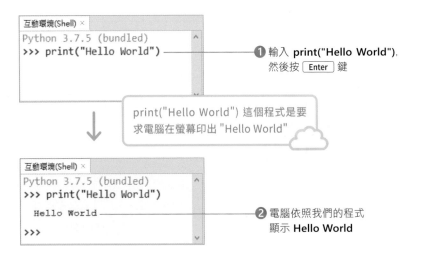

❶ 輸入 **print("Hello World")**，然後按 Enter 鍵

print("Hello World") 這個程式是要求電腦在螢幕印出 "Hello World"

❷ 電腦依照我們的程式顯示 **Hello World**

寫程式其實就像是寫劇本，寫劇本是用來要求演員如何表演，而寫程式則是用來控制電腦如何動作。

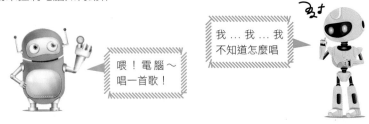

喂！電腦～唱一首歌！

我 … 我 … 我不知道怎麼唱

雖然說寫程式可以控制電腦，但是這個控制卻不像是人與人之間溝通那樣，只要簡單一個指令，對方就知道如何執行。您可以將電腦想像成一個動作超快，但是什麼都不懂的小朋友，當您想要電腦小朋友完成某件事情，例如唱一首歌，您需要告訴他這首歌每一個音是什麼、拍子多長才行。

所以寫程式的時候，我們需要將每一個步驟都寫下來，這樣電腦才能依照這個程式來完成您想要做的事情。

我們會在後面章節中，一步一步的教您如何寫好程式，做電腦的主人來控制電腦。

## ✂ Python 程式語言

前面提到寫程式就像是寫劇本，現實生活中可以用英文、中文 … 等不同的語言來寫劇本，在電腦的世界裡寫程式也有不同的程式語言，每一種程式語言的語法與特性都不相同，各有其優缺點。

本套件採用的程式語言是 Python, Python 是由荷蘭程式設計師 Guido van Rossum 於 1989 年所創建，由於他是英國電視短劇 Monty Python's Flying Circus（蒙提・派森的飛行馬戲團）的愛好者，因此選中 **Python**（大蟒蛇）做為新語言的名稱，而在 Python 的官網 (www.python.org) 中也是以蟒蛇圖案做為標誌：

Python 的
蟒蛇標誌

Python 是一個易學易用而且功能強大的程式語言，其語法簡潔而且口語化（近似英文寫作的方式），因此非常容易撰寫及閱讀。更具體來說，就是 Python 通常可以用較少的程式碼來完成較多的工作，並且清楚易懂，相當適合初學者入門，所以本書將會帶領您使用 Python 來控制硬體。

## Thonny 開發環境基本操作

前面我們已經在 Thonny 開發環境中寫下第一行 Python 程式，本節將為您介紹 Thonny 開發環境的基本操作方式。

Thonny 上半部的程式編輯區是我們撰寫程式的地方：

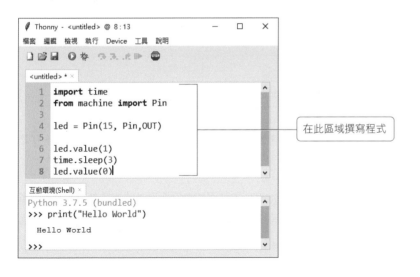

在此區域撰寫程式

可以說，上半部程式編輯區類似稿紙，讓我們將想要電腦做的指令全部寫下來，寫完後交給電腦執行，一次做完所有指令。

而下半部 **Shell** 窗格則是一個交談的介面，我們寫下一行指令後，電腦就會立刻執行這個指令，類似老師下一個口令學生做一個動作一樣。

所以 **Shell** 窗格適合用來作為程式測試，我們只要輸入一句程式，就可以立刻看到電腦執行結果是否正確。

⚠ 本書後面章節若看到程式前面有 >>>，便表示是在 **Shell** 窗格內執行與測試。

若您覺得 Thonny 開發環境的文字過小，請如下修改相關設定：

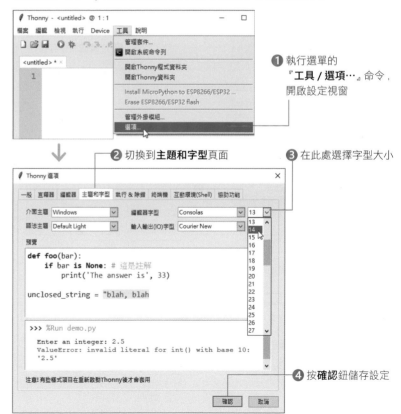

❶ 執行選單的
『**工具 / 選項…**』命令，
開啟設定視窗

❷ 切換到**主題和字型**頁面

❸ 在此處選擇字型大小

❹ 按**確認**鈕儲存設定

如果覺得介面上的按鈕太小不好按，可以在設定視窗如下修改：

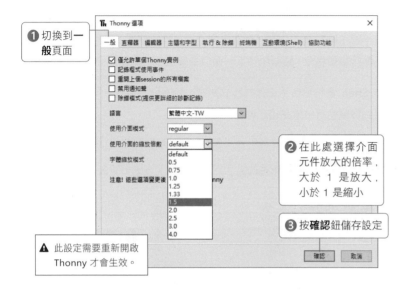

❶ 切換到一般頁面

❷ 在此處選擇介面元件放大的倍率，大於 1 是放大，小於 1 是縮小

❸ 按**確認**鈕儲存設定

⚠ 此設定需要重新開啟 Thonny 才會生效。

日後當您撰寫好程式，請如下儲存：

按此鈕或按 Ctrl + S

若要打開之前儲存的程式或範例程式檔，請如下開啟：

按此鈕或按 Ctrl + O

如果要讓電腦執行或停止程式，請依照下面步驟：

若按此鈕則會停止程式

按此鈕或按 F5 開始執行程式

## 4-3 Python 物件、資料型別、變數、匯入模組

### 物件

前面提到 Python 的語法簡潔且口語化，近似用英文寫作，一般我們寫句子的時候，會以主詞搭配動詞來成句。用 Python 寫程式的時候也是一樣，Python 程式是以『**物件**』(Object) 為主導，而物件會有『**方法**』(method)，這邊的物件就像是句子的主詞，方法類似動詞，請參見下面的比較表格：

| 寫作文章 | 寫 Python 程式 | 說明 |
|---|---|---|
| 車子 | car | car 物件 |
| 車子向前進 | car.go() | car 物件的 go 方法 |

物件的方法都是用點號 . 來連接，您可以將 . 想成『**的**』，所以 car.go() 便是 car **的** go() 方法。

方法的後面會加上括號 ()，有些方法可能會需要額外的資訊參數，假設車子向前進需要指定速度，此時速度會放在方法的括號內，例如 car.go(100)，這種額外資訊就稱為『**參數**』。若有多個參數，參數間以英文逗號 "," 來分隔。

請在 Thonny 的 **Shell** 窗格，輸入以下程式練習使用物件的方法：

使用字串物件 'abc' 的 upper() 方法，將字串轉成大寫

find() 方法尋找 'b' 出現的位置（從 0 起算）

⚠ 在大多數程式語言中都會從 0 開始計算一串資料的順序，此例中 'c' 的位置就是 2，以此類推。

replace() 方法將所有 'b' 取代為 'z'

⚠ 不同的物件會有不同的方法，本書稍後介紹各種物件時，會說明該物件可以使用的方法。

## 資料型別

上面我們使用了字串物件來練習方法，Python 中只要用成對的 " 或 ' 引號括起來的就會自動成為字串物件，例如 "abc"、'abc'。

除了字串物件以外，我們寫程式常用的還有整數與浮點數（小數）物件，例如 111 與 11.1。所以數字如果沒有用引號括起來，便會自動成為整數與浮點數物件，若是有括起來，則是字串物件：

```
Thonny

>>> 111 + 111      ◀── 整數相加
222

>>> '111' + '111'  ◀── 字串串接
'111111'
```

我們可以看到雖然都是 111，但是整數與字串物件用 + 號相加的動作會不一樣，這是因為其資料的種類不相同。這些資料的種類，在程式語言中我們稱之為『**資料型別**』(Data Type)。

寫程式的時候務必要分清楚資料型別，兩個資料若型別不同，便可能會導致程式無法運作：

```
Thonny

>>> 111 + '111'  ◀── 不同型別的資料相加發生錯誤
Traceback (most recent call last):
  File "<pyshell>", line 1, in <module>
TypeError: unsupported operand type(s) for +: 'int' and 'str'
```

對於整數與浮點數物件，除了最常用的加 (+)、減 (-)、乘 (*)、除 (/) 之外，還有求除法的餘數 (%)、及次方 (**)：

```
Thonny

>>> 5 % 2
1
>>> 5 ** 2
25
```

## 變數

在 Python 中，**變數**就像是掛在物件上面的名牌，幫物件取名之後，即可方便我們識別物件，其語法為：

變數名稱 = 物件

例如：

```
                                                           Thonny
>>> n1 = 123456789  ◄─── 將整數物件 123456789 取名為 n1
>>> n2 = 987654321  ◄─── 將整數物件 987654321 取名為 n2
>>> n1 + n2         ◄─── n1 + n2 實際上便是 123456789 + 987654321
1111111110
```

變數命名時只用**英**、**數字**及**底線**來命名,而且第一個字不能是數字。

⚠ 其實在 Python 語言中可以使用中文來命名變數,但會導致看不懂中文的人也看不懂程式
  碼,故約定成俗地不使用中文命名變數,另外,Python 是區分英文大小寫的語言,例如使
  用相同字母但不同大小寫組合成的變數是不同的。

## ⌐⊂ 內建函式

**函式** (function) 是一段預先寫好的程式,可以方便重複使用,而程式語言裡
面會預先將經常需要的功能以函式的形式先寫好,這些便稱為**內建函式**,您
可以將其視為程式語言預先幫我們做好的常用功能。

前面第一章用到的 print() 就是內建函式,其用途就是將物件或是某段程式
執行結果顯示到螢幕上:

```
                                                           Thonny
>>> print('abc')    ◄─── 顯示物件
abc

>>> print('abc'.upper())  ◄─── 顯示物件方法的執行結果
ABC

>>> print(111 + 111)  ◄─── 顯示物件運算的結果
222
```

⚠ 在 **Shell** 窗格的交談介面中,單一指令的執行結果會自動顯示在螢幕上,但未來我們執行
  完整程式時就不會自動顯示執行結果了,這時候就需要 print() 來輸出結果。

## ⌐⊂ 匯入模組

既然內建函式是程式語言預先幫我們做好的功能,那豈不是越多越好?理論
上內建函式越多,我們寫程式自然會越輕鬆,但實際上若內建函式無限制的
增加後,就會造成程式語言越來越肥大,導致啟動速度越來越慢,執行時佔
用的記憶體越來越多。

為了取其便利去其缺陷,Python 特別設計了**模組** (module) 的架構,將同一
類的函式打包成模組,預設不會啟用這些模組,只有當需要的時候,再用**匯
入 (import)** 的方式來啟用。

模組匯入的語法有兩種,請參考以下範例練習:

```
                                                           Thonny
>>> import time  ◄─── 匯入時間相關的 time 模組
>>> time.sleep(3)◄─── 執行 time 模組的 sleep() 函式,暫停 3 秒

>>> from time import sleep  ◄─── 從 time 模組裡面匯入 sleep() 函式
>>> sleep(5)  ◄─── 執行 sleep() 函式,暫停 5 秒
```

上述兩種匯入方式會造成執行 sleep() 函式的書寫方式不同,請您注意其中
的差異。

## 4-4 安裝與設定 D1 mini

學了好多 Python 的基本語法,終於到了學以致用的時間了,我們準備用
Python 來玩些簡單的實驗囉!

剛剛我們練習寫的 Python 程式都是在個人電腦上面執行，因為個人電腦缺少對外連接的腳位，無法用來控制創客常用的電子元件，所以我們將改用 D1 mini 這個小電腦來執行 Python 程式。

## ⤳ 下載與安裝驅動程式

⚠ Mac 已內建驅動程式，請略過此步驟。

為了讓 Thonny 可以連線 D1 mini，以便上傳並執行我們寫的 Python 程式，請先連線 http://www.wch.cn/downloads/CH341SER_EXE.html，下載 D1 mini 的驅動程式：

① 連線 http://www.wch.cn/downloads/CH341SER_EXE.html

② 按此鈕下載

① 請選是允許安裝

② 按此鈕進行安裝

看到 success 便表示安裝成功了！

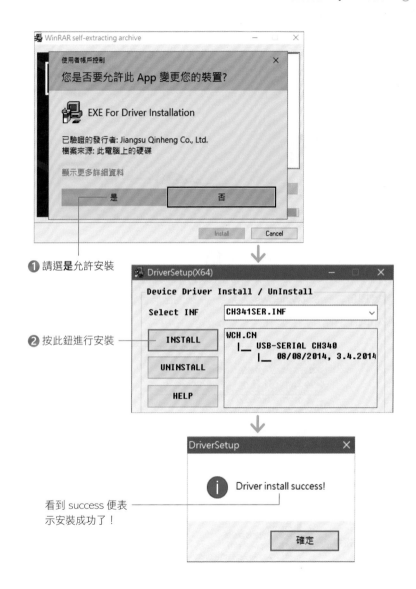

下載後請雙按執行該檔案，然後依照下面步驟即可完成安裝：

## 連接 D1 mini

由於在開發 D1 mini 程式之前，要將 D1 mini 開發板插上 USB 連接線，所以請先將 USB 連接線接上 D1 mini 的 USB 孔，USB 線另一端接上電腦：

接著在電腦左下角的開始圖示 ⊞ 上按右鈕執行『**裝置管理員**』命令 (Windows 10 系統)，或執行『**開始 / 控制台 / 系統及安全性 / 系統 / 裝置管理員**』命令 (Windows 7 系統)，來開啟裝置管理員，尋找 D1 mini 板使用的序列埠：

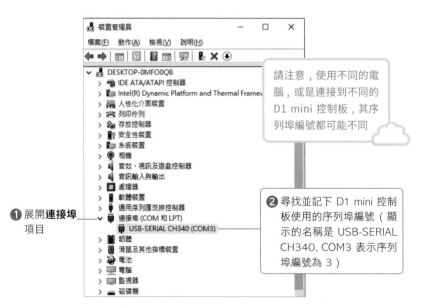

請注意，使用不同的電腦，或是連接到不同的 D1 mini 控制板，其序列埠編號都可能不同

❶ 展開**連接埠**項目

❷ 尋找並記下 D1 mini 控制板使用的序列埠編號（顯示的名稱是 USB-SERIAL CH340, COM3 表示序列埠編號為 3）

找到 D1 mini 使用的序列埠後，請如下設定 Thonny 連線 D1 mini：

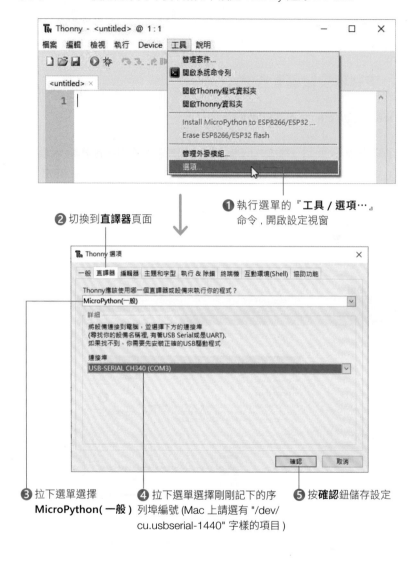

❶ 執行選單的『**工具 / 選項…**』命令，開啟設定視窗

❷ 切換到**直譯器**頁面

❸ 拉下選單選擇 **MicroPython( 一般 )**

❹ 拉下選單選擇剛剛記下的序列埠編號 (Mac 上請選有 "/dev/cu.usbserial-1440" 字樣的項目)

❺ 按**確認**鈕儲存設定

50

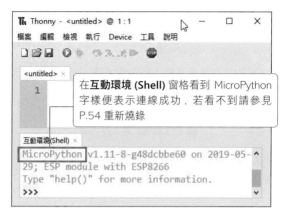

在**互動環境 (Shell)** 窗格看到 MicroPython 字樣便表示連線成功，若看不到請參見 P.54 重新燒錄

```
MicroPython v1.11-8-g48dcbbe60 on 2019-05-
29; ESP module with ESP8266
Type "help()" for more information.
>>>
```

⚠ MicroPython 是特別設計的精簡版 Python，以便在 D1 mini 這樣記憶體較少的小電腦上面執行。

4-5 **D1 mini 的 IO 腳位以及數位訊號輸出**

在電子的世界中，訊號只分為高電位跟低電位兩個值，這個稱之為**數位訊號**。在 D1 mini 兩側的腳位中，標示為 D0～D8 的 9 個腳位，可以用程式來控制這些腳位是高電位還是低電位，所以這些腳位被稱為**數位 IO (Input/Output) 腳位**。

本章會先說明如何控制這些腳位進行數位訊號輸出。

在程式中我們會以 1 代表高電位，0 代表低電位，所以等一下寫程式時，若設定腳位的值是 1，便表示要讓腳位變高電位，若設定值為 0 則表示低電位。

D1 mini 兩側數位 IO 腳位內側的標示是 D0～D8，但是實際上在 D1 mini 晶片內部，這些腳位的真正編號並不是 0～8，其腳位編號請參見右圖紅色圈圈內的數字：

所以當我們寫程式時，必須用上面的真正編號來指定腳位，才能正確控制這些腳位。

## LAB03 點亮 / 熄滅 LED

**實驗目的**

用 Python 程式控制 D1 mini 腳位，藉此點亮或熄滅該腳位連接的 LED。

**設計原理**

LED，又稱為發光二極體，具有一長一短兩隻接腳，若要讓 LED 發光，則需對長腳接上高電位，短腳接低電位，像是水往低處流一樣產生高低電位差讓電流流過 LED 即可發光。LED 只能往一個方向導通，若接反就不會發光。

電流

高電位　　低電位

長腳　短腳

為了方便使用者，D1 mini 板上已經內建了一個藍色 LED 燈，這個 LED 的短腳連接到 D1 mini 的腳位 D4（編號 2 號），LED 長腳則連接到高電位處。

前一頁提到當 LED 長腳接上高電位，短腳接低電位，產生高低電位差讓電流流過即可發光，所以我們在程式中將 D1 mini 的 2 號腳位設為低電位，可點亮這個內建的 LED 燈。

為了在 Python 程式中控制 D1 mini 的腳位，我們必須先從 machine 模組匯入 Pin 類別：

Thonny

```
>>> from machine import Pin
```

前面提到內建 LED 短腳連接的是 D4 腳位，這個腳位在晶片內部的編號是 2 號，所以我們可以如下建立 2 號腳位的 Pin 物件：

Thonny

```
>>> led = Pin(2, Pin.OUT)
```

上面我們建立了 2 號腳位的 Pin 物件，並且將其命名為 led，因為建立物件時第 2 個參數使用了 "Pin.OUT"，所以 2 號腳位就會被設定為輸出腳位。

然後即可使用 value() 方法來指定腳位的電位高低：

Thonny

```
>>> led.value(1) ◀── 高電位
>>> led.value(0) ◀── 低電位
```

當 2 號腳位設為高電位時，LED 燈的兩端皆為高電位無電位差電不流動，這時候就會熄滅，反之設為低電位時，兩端各為高低有電位差讓電流動，LED 燈就會亮起。

---

**程式設計** Thonny

⚠ 範例程式下載網址 https://www.flag.com.tw/DL?FM634A

請在 Thonny 開發環境上半部的程式編輯區輸入以下程式碼，輸入完畢後請按 Ctrl + S 儲存檔案：

② 按此鈕或按 Ctrl + S 儲存檔案　　① 程式編輯區輸入程式碼

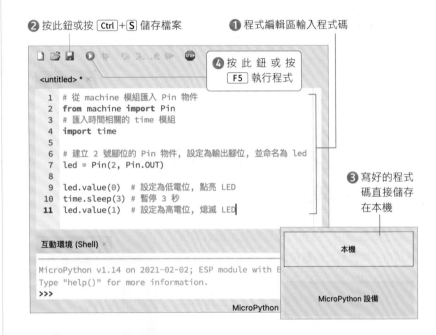

④ 按此鈕或按 F5 執行程式

③ 寫好的程式碼直接儲存在本機

```
1  # 從 machine 模組匯入 Pin 物件
2  from machine import Pin
3  # 匯入時間相關的 time 模組
4  import time
5
6  # 建立 2 號腳位的 Pin 物件，設定為輸出腳位，並命名為 led
7  led = Pin(2, Pin.OUT)
8
9  led.value(0)   # 設定為低電位，點亮 LED
10 time.sleep(3)  # 暫停 3 秒
11 led.value(1)   # 設定為高電位，熄滅 LED
```

⚠ 程式裡面的 # 符號代表註解，# 符號後面的文字 Python 會自動忽略不會執行，所以可以用來加上註記解說的文字，幫助理解程式意義。輸入程式碼時，可以不必輸入 # 符號後面的文字。

## 4-6 | Python 流程控制 (while 迴圈) 與區塊縮排

上一個實驗我們用程式點亮 LED 3 秒後熄滅，如果我們想要做出一直閃爍的效果，該不會要寫個好幾萬行控制高低電位的程式吧？！

當然不是！如果需要重複執行某項工作，可利用 Python 的 while 迴圈來依照條件重複執行。其語法如下：

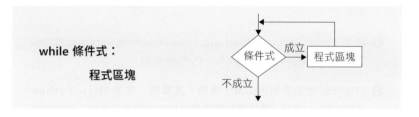

while 會先對條件式做判斷，如果條件成立，就執行接下來的程式區塊，然後再回到 while 做判斷，如此一直循環到條件式不成立時，則結束迴圈。

只要手沒斷（條件式）就一直重複 (while 迴圈) 做伏地挺身（程式區塊）！

嗚～我要打家暴專線...

通常我們寫程式控制硬體時，大多數的狀況下都會希望程式永遠重複執行，此時條件式就可以用 **True** 這個關鍵字來代替，True 在 Python 中代表『成立』的意義。

⚠ 關鍵字是 Python 保留下來有特殊意義的字。

例如我們要做出內建 LED 一直閃爍的效果，便可以使用以下程式碼：

```
while True:             # 一直重複執行
    led.value(0)        # 點亮 LED
    time.sleep(0.5)     # 暫停 0.5 秒
    led.value(1)        # 熄滅 LED
    time.sleep(0.5)     # 暫停 0.5 秒
```

請注意！如上所示，屬於 while 的程式區塊要『以 4 個空格向右縮排』，表示它們是屬於上一行 (while) 的區塊，而其他非屬 while 區塊內的程式『不可縮排』，否則會被誤認為是區塊內的敘述。

其實 Python 允許我們用任意數量的空格或定位字元 (Tab) 來縮排，只要同一區塊中的縮排都一樣就好。不過建議使用 4 個空格，這也是官方建議的用法。

區塊縮排是 Python 的特色，可以讓 Python 程式碼更加簡潔易讀。其他的程式語言大多是用括號或是關鍵字來決定區塊，可能會有人寫出以下程式碼：

沒有縮排全都擠在一起的程式碼

就像寫作文規定段落另起一行並空格一樣，在區塊縮排強制性規範之下，Python 程式碼便能維持一定基本的易讀性。

# LAB04 閃爍 LED

用 Python 的 while 迴圈重複執行 LED 的控制程式, 使其每 0.5 秒閃爍一次。

## 材料

D1 mini。

## 線路圖

無需接線。

## 程式設計　Thonny

⚠ 範例程式下載網址 https://www.flag.com.tw/DL?FM634A

請在 Thonny 開發環境上半部的程式編輯區輸入以下程式碼, 輸入完畢後請
按 Ctrl + S 儲存檔案:

```
LAB04_blink.py                                          Thonny

# 從 machine 模組匯入 Pin 物件
from machine import Pin
# 匯入時間相關的 time 模組
import time

# 建立 2 號腳位的 Pin 物件, 設定為輸出腳位, 並命名為 led
led = Pin(2, Pin.OUT)

while True:            # 一直重複執行
    led.value(0)      # 點亮 LED
    time.sleep(0.5)   # 暫停 0.5 秒
    led.value(1)      # 熄滅 LED
    time.sleep(0.5)   # 暫停 0.5 秒
```

## 實測

請按 F5 執行程式, 即可看到 LED 每 0.5 秒閃爍一次。

### 知識補給站

如果你從市面上購買新的 D1 mini 控制板, 預設並不會幫您安裝
MicroPython 環境到控制板上, 請依照以下步驟安裝:

① 請依照第 4-4 節下載安裝 D1 mini 控制板驅動程式, 並檢查連接埠
編號。

② 請至 https://micropython.org/resources/firmware/esp8266-
20210202-v1.14.bin 下載 MicroPython 韌體。

③ Thonny 功能表點選 **工具 / 選項 / 直譯器**, 選擇 **MicroPython
(ESP8266)** 選項, **連接埠** 選擇 **裝置管理員** 中顯示的埠號, 筆者的是
**COM3**, 之後按下 **安裝或更新韌體按鈕**。

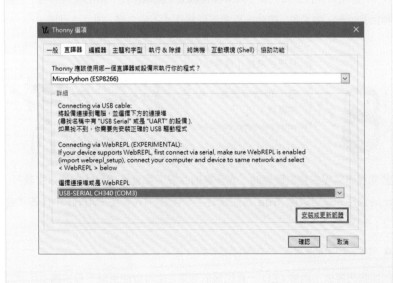

④ 選擇 Port 以及方才下載的 MicroPython 韌體的路徑後按下**安裝**，
待左下角出現 **DONE** 表示燒錄完畢按下關閉，再按**確認**。

⑤ 若 Shell 窗格中出現 MicroPython 字樣代表燒錄成功。

```
互動環境 (Shell) ×
MicroPython v1.14 on 2021-02-02; ESP module with ESP8
266
Type "help()" for more information.
>>> |
```

# 5

## 物件偵測 --
## 博物館管理員

前面的章節我們分別學會了 ml5.js 與控制板硬體基本知識,接下來就要將兩者結合,本章會以博物館為情境,實作博物館管理員需要的相關軟硬體設備。

---

**按鈕開關**

無論是百貨公司、博物館或是許多室內公共場所,都必須依相關法令限制**容留人數**,所以每當我們進出相關場域都會遇到人流統計,最常見的方式就是門口的驗票人員會手持**計數器**,不斷計算來客人數,要設計電子計數器,最簡單的方式就是使用**按鈕 ( 壓 ) 開關**。

按鈕是電子零件中最常使用到的開關裝置,它可以決定是否讓電路導通。按鈕的原理如圖:

沒有按下時不導通　　按下時導通

只要按下按鈕,按鈕下的鐵片會讓兩根針腳**連接**,以此讓電路**導通**。

## LAB05　讀取按壓開關狀態

**實驗目的**

將按壓開關目前的狀態(按下與否)顯示在 Thonny 開發環境

**線路圖**

將 **D1 mini** 控制板與**按壓開關**插至麵包板,控制板的 **USB** 連接座朝**外**:

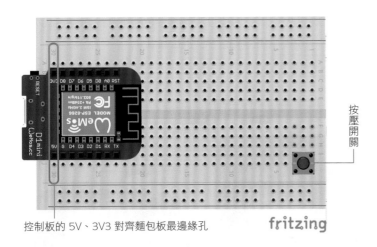

控制板的 5V、3V3 對齊麵包板最邊緣孔

杜邦線每個顏色的功能皆相同，可任意撕開為單條使用，本實驗為便於辨識接線，請依照指示撕下**黑**、**白**杜邦線各一條：

**白杜邦線**一端插到麵包板上的控制板 **D5 對應腳位**，一端插至**按壓開關**其中一邊（按壓開關無分方向）**對應腳位**；**黑線**一端插至控制板 **G 對應腳位**，另一端則插至按壓開關**另一邊**對應腳位：

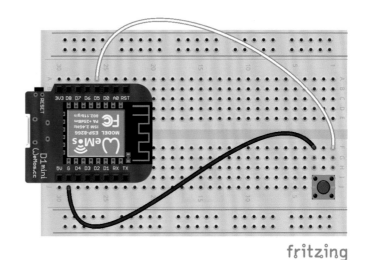

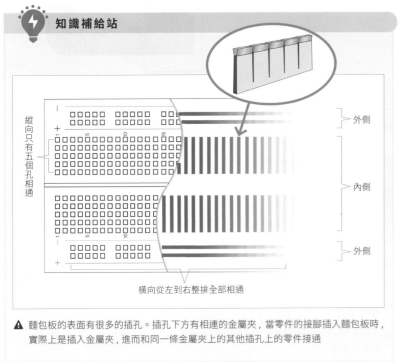

### 知識補給站

縱向只有五個孔相通

外側

內側

外側

橫向從左到右整排全部相通

⚠ 麵包板的表面有很多的插孔。插孔下方有相連的金屬夾，當零件的接腳插入麵包板時，實際上是插入金屬夾，進而和同一條金屬夾上的其他插孔上的零件接通

| 按壓開關 | 用途 | D1 mini 對應腳位 |
|---|---|---|
| 右 ( 左 ) 邊腳位 | 讀取電位高低 | D5 |
| 另一腳位 | 接地 | G |

在 LAB04 閃爍 LED 的程式中建立 Pin 物件時, 第 2 個參數使用了 **Pin. OUT** 將腳位設定成**輸出模式**, 但這裡需要**讀取**電位高低的輸入訊號, 要改用 **Pin.IN** 設定成**輸入模式**, **14** 則代表 D1 mini 的 **D5** 腳位:

Thonny

```
button=Pin(14,Pin.IN)
```

物件建立好後, 就可以使用 value() 讀取電位高低訊號, 讀取到高電位時為 **1**, 低電位時為 **0**:

Thonny

```
button.value()
```

按下按鈕時, 由於線路導通, 所以 D5 腳位會讀到高電位, button.value() 的 回傳值會是 **1**。但如果沒有按下按鈕開關, 輸入腳位就等於沒有收到任何訊 號, 此時輸入腳位就會處於**不穩定狀態**, 也就是會受到環境雜訊影響。

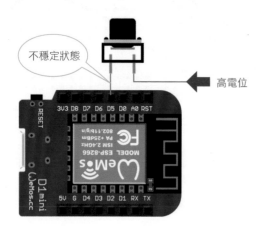

為了防止不穩定狀態出現, 會加上電阻讓腳位能接收到明確的訊號, 而根據 電阻的位置, 分為『上拉電阻』和『下拉電阻』:

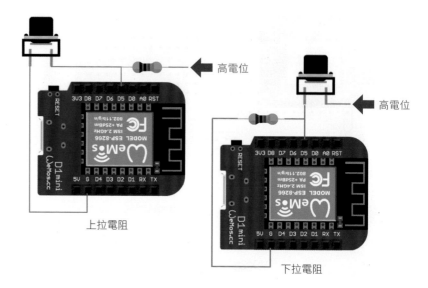

上拉電阻在沒按下按鈕前, 會接收到高電位; 下拉電阻在沒按下按鈕前, 會 接收到低電位。而為了方便使用, D1mini 的腳位已經**內建上拉電阻**。

為了開啟 D1mini 的內建上拉電阻, 我們需要增加 Pin 物件的參數:

Thonny

```
button=Pin(14, Pin.IN, Pin.PULL_UP)
```

第 3 個參數 PULL_UP 代表啟動內建上拉電阻。我們只需要將按鈕分別連接 至 " 輸入腳位 " 和 "GND" 即可, 此時只要按下開關, 14 號輸入腳位就會讀取 到**低電位**, 反之為高電位。

⚠ 上拉電阻與我們平常習慣的 " 按下按鈕為高電位 (1) "、" 沒按按鈕為低電位 (0) " **相反**, 請 不要搞混囉!

**LAB05_button.py**      Thonny

```python
from machine import Pin
import time

# 按鈕(14 代表 D1 mini 的 D5 腳位)
button=Pin(14,Pin.IN,Pin.PULL_UP)

while True:
    # 讀取按鈕的值
    print(button.value())
    time.sleep(0.1)
```

實測

按下 F5 執行程式後,在**互動環境**會以每 0.1 秒不斷顯示腳位的輸入值,若是顯示為 **1** 表示按鈕**未按下**,顯示 **0** 則代表**有**按下:

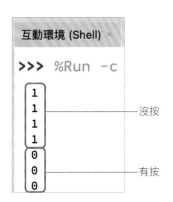

## 5-2 MQTT 訊息協定

有了按鈕後,我們希望能將按鈕次數(人次)**傳送**到網頁上顯示,而要讓網頁與控制板溝通有幾種方式,我們要採用的是為了物聯網而設計的 **MQTT (Message Queuing Telemetry Transport)** 協定,簡單易用,所需要網路頻寬與硬體資源較低,而我們的應用也只需要傳送像是**參訪人次**這樣單純的資料,相當適合這樣的傳輸方式。

MQTT 通訊由 3 個元件組成:分別是負責轉送資料的 **MQTT 中介伺服器 (broker)**,本例中就是稍後會介紹的 AIO;提供資料的**發佈端 (publisher)**,本例中就是負責按鈕計數的控制板,以及接收資料的**訂閱端 (subscriber)**,**本例中就是顯示人次的網頁**。運作方式如下:

發佈端會將資料送到 MQTT 中介伺服器上,MQTT 中介伺服器就會將資料轉送給訂閱端。這裡的關鍵就是不管是發佈端或是訂閱端,都是主動連線到位於公開網路上的中介伺服器,因此只要能夠連網,雙方就可以透過中介伺服器傳輸資料。由於這樣的架構,所以不論是發佈端或是訂閱端,都通稱為『**MQTT 用戶端 (client)**』。

個別的裝置可以同時是發佈端與訂閱端，既能發送資料給遠端的裝置，也能接收遠端裝置送出的資料。在 MQTT 中，資料還必須分門別類，區分為不同的『**頻道 (channel)**』，發佈資料時必須指定頻道，訂閱端也必須先訂閱頻道，才能收到發佈到該頻道上的資料。

## Adafruit IO

在網路上有許多 MQTT 中介伺服器的服務，本套件使用 **Adafruit IO ( 簡稱 AIO)** 服務，讓我們的**網頁**與**控制板**可以利用 MQTT 通訊，概略流程如下圖：

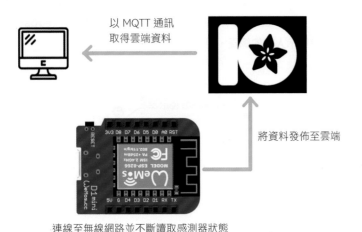

以 MQTT 通訊
取得雲端資料

將資料發佈至雲端

連線至無線網路並不斷讀取感測器狀態

## 申請 AIO 帳號

連線網頁 **https://accounts.adafruit.com/users/sign_up**，按照下列步驟申請 AIO 帳號：

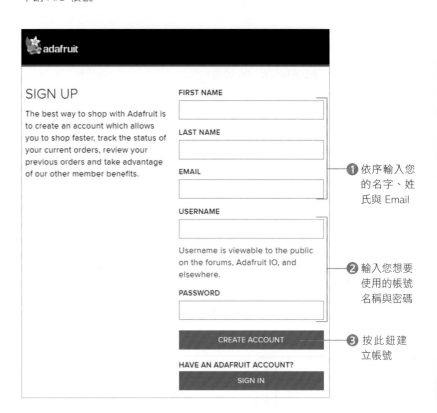

① 依序輸入您的名字、姓氏與 Email

② 輸入您想要使用的帳號名稱與密碼

③ 按此鈕建立帳號

若您的帳號名稱已經有人使用了，網頁會顯示 "Username has already been taken" 訊息，此時請您改用其他名稱再試試看。成功建立帳號後，會顯示如下頁面：

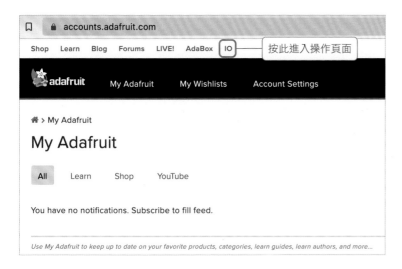

③ 點擊 +New Feed 按鈕

④ 輸入 **visitors** 再
按下 **Create**

接著請重新連線 **https://io.adafruit.com**，或按網頁上方分頁切換至 **IO**，即可進入 Adafruit IO 的介面。首先我們要建立 **Feed**，Feed 是資料來源的意思，未來我們上傳的感測器資料就會儲存在 Feed。

⚠ 請注意 Feed 不等同於裝置，假設有一個溫濕度感測器有溫度與濕度 2 種感測值，您需要分別為溫度與濕度建立兩個 Feed 來儲存。

接著如下操作建立 feed 並取得金鑰：

① 按 Feeds 連結

② 再點 View All

AIO 在新註冊的帳號中會預先建立一個 feed，可以刪除：

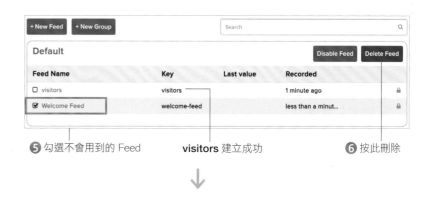

⑤ 勾選不會用到的 Feed　　　**visitors** 建立成功　　　⑥ 按此刪除

❼ 點擊 My Key

你的 Adafruit IO 帳號名稱

你的 Adafruit IO 金鑰

之後要將資料發佈至雲端，就需要 **Adafruit IO 帳號名稱**、**Adafruit IO 金鑰**以及 **feed** 名稱這些資訊。

要讓控制板使用網路，首先必須匯入 **network 模組**，利用其中的 **WLAN 類別**建立控制無線網路的物件：

Thonny

```
>>> import network
>>> sta_if = network.WLAN(network.STA_IF)
```

在建立無線網路物件時，要注意到 D1 mini 有 2 個網路介面：

| 網路介面 | 說明 |
| --- | --- |
| network.STA_IF | 工作站 (station) 介面，專供連上現有的 Wi-Fi 無線網路基地台，以便連上網際網路 |
| network.AP_IF | 熱點 (access point) 介面，可以讓 D1 mini 變成無線基地台，建立區域網路 |

由於我們需要讓 D1 mini 連上網際網路擷取資訊，所以必須使用**工作站介面**。取得無線網路物件後，要先啟用網路介面：

Thonny

```
>>> sta_if.active(True)
```

參數 True 表示要啟用網路介面；如果傳入 False 則會停用此介面。接著，就可以嘗試連上無線網路：

Thonny

```
>>> sta_if.connect('無線網路名稱', '無線網路密碼')
```

其中的 2 個參數就是無線網路的名稱與密碼，請注意大小寫，才不會連不上指定的無線網路。例如，若我的無線網路名稱為 'FLAG'，密碼為 '12345678'，只要如下呼叫 connect() 即可連上無線網路：

Thonny

```
>>> sta_if.connect('FLAGS', '12345678')
```

為了避免網路名稱或是密碼錯誤無法連網，導致後續的程式執行出錯，通常會在呼叫 connect() 之後使用 isconnected() 函式確認已經連上網路，例如：

```Thonny
>>> while not sta_if.isconnected():
        pass

>>>
```

上例中的 pass 是一個特別的敘述，它的實際效用是**甚麼也不做**，當你必須在迴圈中加入程式區塊才能維持語法的正確性時，就可以使用 pass，由於它甚麼也不會做，就不必擔心會造成任何意料外的副作用。上例就是持續檢查是否已經連上網路，如果沒有，就用 pass 往迴圈下一輪繼續檢查連網狀況。

⚠ pass 的由來就是玩撲克牌遊戲無牌可出要跳過這一輪時所喊的 pass。

# LAB06 傳送資訊 ( 控制板到瀏覽器 )

本實驗會使用兩個開發環境，分別是由 **Thonny** 使用 **Python 語言**來控制硬體，再由 **p5.js Web Editor** 使用 **JS** 顯示資訊，實作時請區分開發環境。

## 實驗目的

利用前一個實驗讀取按鈕的方法，設計成一個電子計數器，並將統計的結果藉由無線網路**發佈**至雲端，再**設計網頁**透過 MQTT 通訊來**獲取**該數值，將**人數統計**顯示於頁面。

## 實驗流程

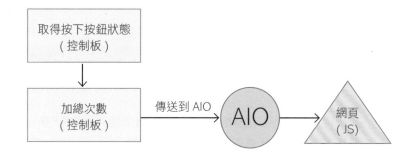

## 接線圖

同 Lab05。

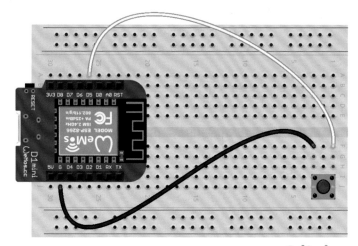

fritzing

在 MicroPython 中內建有 **umqtt** 模組，提供 MQTT 用戶端的功能，使用時必須先匯入其中的 MQTTClient 類別：

```
Thonny

from umqtt.robust import MQTTClient
```

建立 MQTT 用戶端物件並設定參數，其中 **client_id** 為用戶端識別名稱，若同時有**相同**名稱連線至 AIO 會造成前一個用戶端**斷線**，所以 client_id 請留空，由系統自行產生即可避免重複。**AIO 帳戶名稱**與**金鑰**則填入在 AIO 網頁中的『**My Key**』頁面所示之資訊：

```
Thonny

client = MQTTClient(client_id='',              # 用戶端識別名稱
                    server='io.adafruit.com', # 中介伺服器網址
                    user='AIO_USER',          # AIO 帳號名稱
                    password='AIO_KEY')       # AIO 金鑰
```

再建立頻道主題資訊的變數，AIO 的頻道主題格式固定為 **" 帳號名稱 / feeds/feed 名稱 "**，feed 名稱為第 5-2 節在 AIO 網頁建立好的 **"visitors"**，這裡要注意的是所用的參數是**位元組序列 (bytes)**，不是常見的字串，使用 client.user() 取得帳號字串後，可再用 **encode()** 方法來轉換，後面要組合的字串則可以用 **'b'** 標示，讓 Python 知道是位元組序列：

```
Thonny

TOPIC = client.user.encode() + b'/feeds/visitors'
```

使用 **client.connect()** 來連線，再建立一個 while 迴圈不斷執行，**client. ping()** 持續與伺服器保持連線，**client.check_msg()** 則是檢查有沒有收到新資料，雖然本例只**發送**並不需接收資料，但仍須處理中介伺服器回應 ping() 送來的資料，因此必須搭配 check_msg()：

```
Thonny

client.connect()

while True:
    client.ping()
    client.check_msg()
```

在迴圈中除了保持連線外，還需要讀取按鈕狀態變化，加總後發佈。這裡先判斷按鈕是否按下，若有則將計次變數 **count** 加 1，再使用 **client.publish()** 將加總後的計次發佈到雲端，第一個參數為頻道主題，第二個是要傳送的資料，也需改為 **bytes** 物件，迴圈最後等待 **2** 秒是因為 AIO 規定上傳每筆資料的間隔需為 2 秒鐘：

```
Thonny

if(now_status == 0):
    count += 1                    # 次數 +1
    client.publish(
        TOPIC,
        str(count).encode()       # 傳送的資料改為 bytes 物件
    )
    time.sleep(2)
```

⚠ 範例程式下載網址 https://www.flag.com.tw/DL?FM634A

```
LAB06_publish.py                                          Thonny

from machine import Pin
import network
from umqtt.robust import MQTTClient # mqtt函式庫
```

```python
import time

# 按鈕(14 代表 D1 mini 的 D5 腳位)
button=Pin(14,Pin.IN,Pin.PULL_UP)

# 連線至無線網路
sta=network.WLAN(network.STA_IF)
sta.active(True)
sta.connect('無線網路名稱', '無線網路密碼')
while not sta.isconnected() :
    pass
print('Wi-Fi連線成功')

client = MQTTClient(client_id='',          # 用戶端識別名稱
                    server='io.adafruit.com', # 中介伺服器網址
                    user='AIO_USER',       # AIO 帳號名稱
                    password='AIO_KEY')    # AIO 金鑰

TOPIC = client.user.encode() + b'/feeds/visitors'  # 訂閱主題

# 連線至 MQTT 伺服器
client.connect()
print('MQTT連線成功')

count = 0

while True:
    # 與伺服端通訊, 確保不會斷線
    client.ping()
    # ping() 需搭配 check_msg(), 不然無法接收回應
    client.check_msg()

    # 目前按鈕狀態
    now_status = button.value()
    print(now_status)
    time.sleep(0.1)
    # 如果按下按鈕
    if(now_status == 0):
        count += 1              # 次數 +1
```

```python
# 傳送資料到 MQTT 伺服器
client.publish(
    TOPIC,
    str(count).encode()        # 傳送的資料改為 bytes 物件
)
print('完成上傳。請稍等才能繼續上傳資料!')
time.sleep(2)
print('可以繼續上傳資料')
```

**設計原理** p5.js Web Editor

完成硬體控制後, 還需要**網頁**來顯示目前的**總參觀人數**以及**現在時間**, 接下來我們就來使用 **MQTT** 讓網頁可以取得雲端的最新資料吧!

若網頁要使用 MQTT 需要先在 HTML 中匯入程式庫, 不過在我們預先準備的範本檔案『**LAB00_ 用 JS 學 ML**』中已經加入, 不需自己加入:

```html
                                                            HTML
<script src="https://unpkg.com/mqtt/dist/mqtt.min.js"></script>
```

在 JS 程式中先建立 **AIO 帳號名稱**、**AIO 金鑰**與**頻道主題**變數:

```javascript
let mqttUsername = "AIO帳號名稱";
let mqttPassword = "AIO金鑰";
let mqttTopic = mqttUsername + "/feeds/visitors"; // AIO feeds
```

在 **setup()** 函式則可以先建立 mqttOptions 變數, 再用此變數作為參數建立 MQTT 用戶端物件, 然後使用 client.subscribe() 訂閱頻道, 連線時前面的 "wss://" 不能省略, 表示使用加密的 Websocket, 從網頁連 AIO 必須使用這種傳輸協定:

```javascript
let mqttOptions = {
    username: mqttUsername, // 使用者名稱
    password: mqttPassword, // 金鑰
```

```
};
client = mqtt.connect(
    "wss://io.adafruit.com:443",
    mqttOptions
);
client.subscribe(mqttTopic) // AIO feeds
```

利用 client.on() 設定收到訊息後觸發回呼函式，我們後面再定義：

```
client.on("message", handleMsg);
```

MQTT 相關設定完成後，再來是建立顯示**人次**以及**現在時間**的物件，並設定適當文字大小：

```
// 建立時間區域
dateP = createP();
dateP.style('font-size', '20px');

// 建立人數區域
peopleP = createP();
peopleP.style('font-size', '30px');
```

本實驗除了顯示人次與時間之外，另外還設計了統計每小時人次的**直條圖**，都是使用**第 2 章**提到的 p5.js 內建函式，在這邊就不多贅述：

```
// 畫布大小 寬：800 高：300
createCanvas(800,300);
// 建立方形(起始座標(100,0),寬：600 高：270)
rect(100, 0, 600, 270);
// 劃出 x 座標
for(let i=0 ; i<=24; i++){
  // x 座標 +100 會有點靠右，所以 +97
  text(i,97+(600/24)*i,290);
}
```

```
// 劃出 y 座標
for(let j=0 ; j<=270; j+=40){
  text(j,70,270-j+3);
  line(100,270-j,700,270-j);
}
```

接著定義 **handleMsg(topic, message)** 這個回呼函式，剛才的 client.on() 會傳來頻道主題與訊息資料，但資料經過編碼，需要解碼才容易判讀，由於我們所用的 mqtt.js 傳入的資料為 Buffer 類別，只要使用 toString() 方法解碼 Buffer 資料，這樣就能在**主控台窗格**顯示易讀的數值文字，最後再將該資料放到**計次變數** people：

```
function handleMsg(topic, message){
  console.log(message.toString());
  people = message;
}
```

在 **draw()** 函式中先建立一個 Today 物件，再使用不同時間格式的函式取得年、月、日、時、分、秒數值，接著再用 **dateP.html()** 將這些資訊顯示於網頁上，其中**時**這個值稍後會用來統計每小時人數，所以另外存在 **nowHour** 變數，最後再用 **peopleP.html(people)** 顯示人次：

```
Today = new Date();
nowHour = Today.getHours()
dateP.html(Today.getFullYear()+ " 年 " +
           (Today.getMonth()+1) + " 月 " +
           Today.getDate() + " 日 " +
           nowHour + " 時 " +
           Today.getMinutes() + " 分 " +
           Today.getSeconds() + " 秒")
peopleP.html("今天參訪人數 ： " + people);
```

| 函式 | 數值 |
|------|------|
| getFullYear() | 年 |
| getMonth()* | 月 |
| getDate() | 日 |
| getHours() | 時 |
| getMinutes() | 分 |
| getSeconds() | 秒 |

\* 月份傳回值從 0 開始，需要再加 1 才是當月月份

最後還需要在每小時更換的時候，將**目前總人數**記下來，以便計算未來 1 小時內新增的人次，要特別說明的是在減法時，會依字面先轉成數值，因此 people 與 lastPeople 才能相減：

```
if(nowHour != lastHour){
  lastPeople = people;
  lastHour = nowHour;
}

// 現在這個小時的人數是 目前總人數-之前總人數
peopleHour = people - lastPeople;
```

**程式設計** p5.js Web Editor

連線 **https://www.flag.com.tw/maker/FM634A/JS**，再開啟『**LAB00_ 用 JS 學 ML**』並執行『**檔案 / 建立副本**』後，於 **sketch.js** 輸入以下程式碼：

**LAB06_傳送資訊**　　　　　　　　　　　　　　　　　　　JS

```
let people = 0;
let lastPeople = 0;
let peopleHour = 0;
let peopleP;
let dateP;
let Today;
let lastHour;
let nowHour;

// --------- MQTT 資訊 ---------
let client; // MQTT 客戶端物件
let mqttUsername = "AIO帳號名稱";
let mqttPassword = "AIO金鑰";
let mqttTopic = mqttUsername + "/feeds/visitors"; // AIO
feeds

function handleMsg(topic, message){
  console.log(message.toString());
  people = message;
}

function setup() {
  // MQTT 設定
  let mqttOptions = {
    username: mqttUsername, // 使用者名稱
    password: mqttPassword, // 金鑰
  };
  // 需要先在 html 中匯入 mqtt.js
  client = mqtt.connect(
    "wss://io.adafruit.com:443",
    mqttOptions
  );
  client.subscribe(mqttTopic) // AIO feeds
  client.on("message", handleMsg);

  // 建立時間區域
  dateP = createP();
  dateP.style('font-size', '20px');

  // 建立人數區域
```

```
peopleP = createP();
peopleP.style('font-size', '30px');

// 畫布大小 寬：800 高：300
createCanvas(800,300);
// 建立方形(起始座標(100,0),寬：600 高：270)
rect(100, 0, 600, 270);
// 劃出 x 座標
for(let i=0 ; i<=24; i++){
  // x 座標 +100 會有點靠右，所以 +97
  text(i,97+(600/24)*i,290);
}

// 劃出 y 座標
for(let j=0 ; j<=270; j+=40){
  text(j,70,270-j+3);
  line(100,270-j,700,270-j);
}
}

function draw() {
  Today = new Date();
  nowHour = Today.getHours()
  dateP.html(Today.getFullYear()+ " 年 " +
          (Today.getMonth()+1) + " 月 " +
          Today.getDate() + " 日 " +
          nowHour + " 時 " +
          Today.getMinutes() + " 分 " +
          Today.getSeconds() + " 秒")
  peopleP.html("今天參訪人數：" + people);

  // 切換到新的小時時，記錄前幾個小時的人數
  if(nowHour != lastHour){
    lastPeople = people;
  }

  // 現在這個小時的人數是 總人數-前幾個小時的人數
  peopleHour = people - lastPeople;
```

```
// 去掉框線
noStroke();
// 填上顏色(淡藍色)
fill(61,182,243);
rect(100+(600/24)*nowHour, 270, 600/24-1, -1*peopleHour);

lastHour = nowHour;
}
```

**實測**

在 **Thonny** 程式再次確認**無線網路**與 **AIO 帳號金鑰資訊**皆正確後按下 `F5`，待看到**互動環境 (Shell)** 出現 Wi-Fi、MQTT 連線成功後，不斷出現 **1**，表示按鈕未按下：

這時我們到 **p5.js Web Editor** 按 `Ctrl` + `Enter`，待 **預覽窗格**出現圖表以及文字後，按下**按壓開關**，每間隔 2 秒按一次，**今日參訪人數**就會增加 **1**，同時圖表也會出現與數值相對應直條圖案：

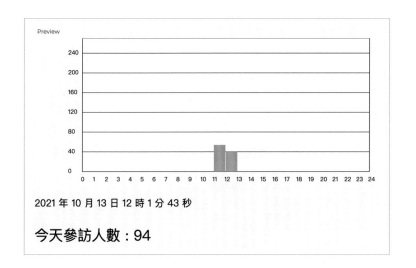

Preview

2021 年 10 月 13 日 12 時 1 分 43 秒

今天參訪人數：94

## 5-3　OLED 顯示模組

有了人次電子計數器之後，博物館還需要許多置放在展覽品前的導覽資訊面板，提供參訪人員可以認識該展覽品，接著我們就來了解這個可以顯示訊息的 OLED 顯示模組，以及如何將博物館的歡迎訊息顯示在模組上。

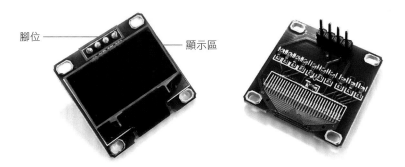

腳位

顯示區

OLED 是 **Organic LED**（有機 LED）的縮寫，目前已普遍用於手機和電視螢幕，能做得很輕薄、電力消耗量也不高。我們這裡使用的是 0.96 吋 OLED 模組，驅動晶片為 SSD1306，解析度 128x64 像素。

D1 mini 必需透過 **I2C 通訊協定**來控制這種 OLED 模組。I2C (Inter-Integrated Circuit, 積體電路匯流排，發音『I-squared-C』) 是一種能用來控制周邊電子元件的通訊協定，開發板只要用 2 條線 -- **串列時脈線** (SCL) 與 **串列資料線** (SDA) 就能控制多個外部裝置，減少接線的數量複雜度。

## LAB07　在 OLED 模組顯示文字

**實驗目的**

使用額外的程式庫將 4 行文字分別顯示在 OLED 模組上，並且讓文字在畫面中不斷左右滾動。

**線路圖**

將 **OLED 模組**插到麵包板上如圖位置，再取出**藍、黑、綠、黃** 4 條杜邦線，依照**線路圖**與**表格**連接線路：

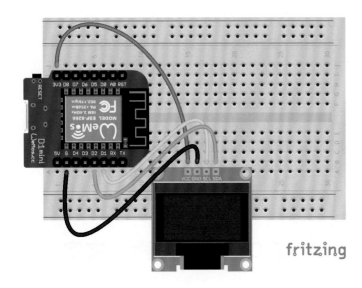

| OLED 模組腳位 | 用途 | D1 mini 對應腳位 |
|---|---|---|
| VCC | 電源 | 3V3 |
| GND | 接地 | G |
| SCL | 串列時脈線 | D1 (5 號腳位 ) |
| SDA | 串列資料線 | D2 (4 號腳位 ) |

**設計原理** Thonny

本套件的 OLED 模組所使用的晶片為 ssd1306，雖然可以直接使用 MicroPython 內建的 ssd1306 程式庫，但是此程式庫在捲動文字時會有殘影現象，因此我們特別準備客製版的程式庫 ssd1306_i2c_flag 來改善這問題。

若要使用額外的程式庫，就必須先上傳到控制板，請開啟 Thonny **檔案瀏覽窗格**後，再將已下載範例程式中的模組檔案『**範例程式 / 模組 / ssd1306_i2c_flag.py**』上傳到控制板：

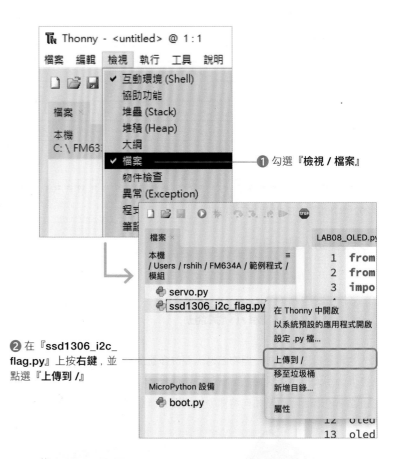

❶ 勾選『**檢視 / 檔案**』

❷ 在『**ssd1306_i2c_flag.py**』上按**右鍵**，並點選『**上傳到 /**』

要控制 OLED，必須先建立 I2C 物件，然後使用 I2C 物件來建立 OLED 物件。第一步是匯入相關程式庫：

```
from machine import Pin, I2C
from ssd1306_i2c_flag import SSD1306_I2C_FLAG
```

接著建立 I2C 物件：

```
# 指定 SCL 在 5 號腳位 (D1), SDA 在 4 號腳位 (D2)
i2c = I2C(scl=Pin(5), sda=Pin(4))
```

然後建立 OLED 物件：

```
# 指定寬 128 像素, 高 64 像素, 以及要使用的 I2C 物件
oled = SSD1306_I2C_FLAG(128, 64, i2c)
```

建立好物件後就可以使用 **oled.text()** 方法讓 OLED 模組顯示文字，要讓文字顯示在**不同行**可以改變 **y** 座標值：

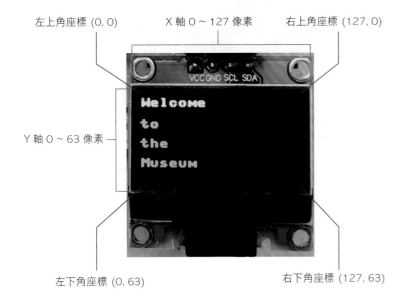

左上角座標 (0, 0)　　　X 軸 0 ~ 127 像素　　　右上角座標 (127, 0)

Y 軸 0 ~ 63 像素

左下角座標 (0, 63)　　　　　右下角座標 (127, 63)

```
oled.text("Welcome", 0, 0)
oled.text("to", 0, 16)
oled.text("the", 0, 32)
oled.text("Museum", 0, 48)
oled.show()
```

⚠ 記得程式內一定要呼叫 oled.show(), 螢幕上才會顯示你更新的內容。

若要讓畫面捲動可以使用 **oled.hw_scroll_h()** 讓畫面**向右**捲動，**向左**則是 **oled.hw_scroll_h(False)**, 若要停止捲動為 **oled.hw_scroll_off()**。

**程式設計** **Thonny**

⚠ 範例程式下載網址 https://www.flag.com.tw/DL?FM634A

**LAB07_OLED.py**　　　　　　　　　　　　　　　　Thonny

```
from machine import Pin, I2C
from ssd1306_i2c_flag import SSD1306_I2C_FLAG
import time

# 指定 SCL 在 5 號腳位 (D1), SDA 在 4 號腳位 (D2)
i2c = I2C(scl=Pin(5), sda=Pin(4))

# 指定寬 128 像素, 高 64 像素, 以及要使用的 I2C 物件
oled = SSD1306_I2C_FLAG(128, 64, i2c)

# 分別在 (0,0) (0,16) (0,32) (0,48) 顯示文字
oled.text("Welcome", 0, 0)
oled.text("to", 0, 16)
oled.text("the", 0, 32)
oled.text("Museum", 0, 48)
oled.show()
```

```
while True:
    # 向右轉動
    oled.hw_scroll_h()
    time.sleep(4.5)
    # 向左轉動
    oled.hw_scroll_h(False)
    time.sleep(4.5)
    oled.hw_scroll_off()
    time.sleep(1)
```

在 **Thonny** 完成程式後按下 F5，可以看到 **Welcome to the Museum** 4 行文字向右捲動 4.5 秒後，再向左捲動 4.5 秒，停止捲動 1 秒，再不斷重複。

文字不斷向左或
向右捲動

# 5-4 物件偵測

在第 3 章的時候我們有使用過 ml5 影像分類器，這邊要介紹的是 ml5 **物件偵測 (Object Detection)**，不同的地方在於，影像分類只能針對**整個畫面**進行辨識，再根據最高信心值判斷分類，但物件偵測可以辨識畫面中**特定物件**，並將該預測範圍框出**邊界框 (Bounding Box)**，邊界框包含**長度、寬度、x 軸與 y 軸起始座標位置**即 **(w, h, x, y)** 所組成的數值，假設畫面中同時有**貓跟人**，且在模型可以正確預測的情況，就會產生 2 個結果，並擁有各自的信心值與標籤。

物件偵測可以同
時辨識多個物件

ml5 物件偵測模型提供了 **COCO-SSD** 與 **YOLO** 這 2 個預先訓練好的模型選項，兩者皆是由 **COCO dataset** 作為資料集進行訓練，該資料集一共分為 **80** 個類別，詳細類別可至官方網站檢索，點選網頁上不同的的類別篩選器圖示，再按**搜尋 (search)** 就可以看到包含該分類的資料集照片：

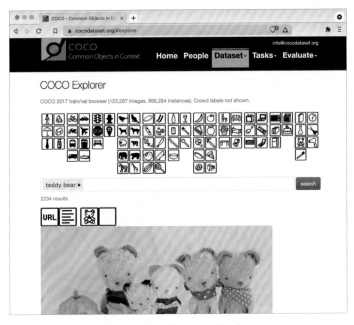

▲ https://cocodataset.org/#explore

接下來就來實作一個博物館的人體偵測器，辨識到**人體**後就讓導覽螢幕的歡迎訊息開心地左右搖擺吧！

## LAB08 物件偵測 -- 博物館導覽面板

實驗目的

利用 ml5 的物件偵測辨識是否有參訪的人經過導覽設備，若有則讓 OLED 顯示器模組如 Lab07 的實驗內容，OLED 模組上的歡迎文字會左右捲動。

實驗流程

線路圖

同 Lab07。

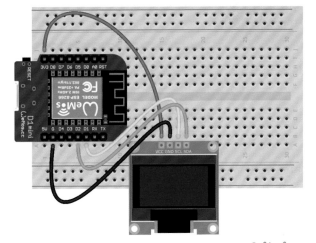

在前面實驗 Lab06 透過 MQTT 發佈**參觀人數**至雲端, 而這個實驗則是接收是否有**辨識到人**, 再捲動 OLED 上的訊息。MQTT 的**設定**與 Lab06 都相同, 只有**發佈**改為**訂閱**的差異。

先至 **AIO** Feeds 頁面新增本實驗會用到的 Feed, 命名為 **"step"** :

❶ 連線至 **https://io.adafruit.com/AIO 帳號 /feeds**

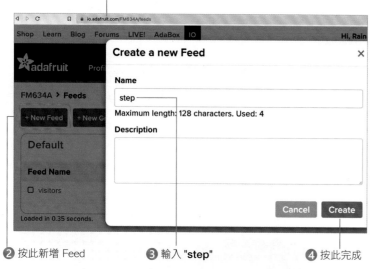

❷ 按此新增 Feed　　❸ 輸入 **"step"**　　❹ 按此完成

控制板程式碼中 MQTT 要改成訂閱 **"step"** 主題 :

```
TOPIC = client.user.encode() + b'/feeds/step'
client.subscribe(TOPIC)
```

再註冊處理接收到資料的回呼函式 **get_cmd** :

```
client.set_callback(get_cmd)
```

最後是定義 get_cmd 函式, 若接收到 **"person"** 這個資料, 就讓 OLED 畫面**開始右左捲動**後**停止** :

```
def get_cmd(topic,msg):
    print(msg)
    # 如果接收到的資訊為 "person", 開始捲動
    if(msg == b"person"):
        oled.hw_scroll_h()
        time.sleep(2.5)
        oled.hw_scroll_h(False)
        time.sleep(2.5)
        oled.hw_scroll_off() # 停止捲動
        time.sleep(0.5)
```

程式設計　Thonny

⚠ 範例程式下載網址 https://www.flag.com.tw/DL?FM634A

```
from umqtt.robust import MQTTClient
from machine import Pin,PWM,I2C
import network
import time
from ssd1306_i2c_flag import SSD1306_I2C_FLAG

i2c = I2C(scl=Pin(5), sda=Pin(4))
oled = SSD1306_I2C_FLAG(128, 64, i2c)

# 連線至無線網路
```

```
sta=network.WLAN(network.STA_IF)
sta.active(True)
sta.connect('無線網路名稱', '無線網路密碼')
while not sta.isconnected() :
    pass
print('Wi-Fi連線成功')

client = MQTTClient(client_id='',           # 用戶端識別名稱
                    server='io.adafruit.com', # 中介伺服器網址
                    user='AIO_USER',         # AIO 帳戶名稱
                    password='AIO_KEY')      # AIO 金鑰

TOPIC = client.user.encode() + b'/feeds/step' # 訂閱主題

# 連線至 MQTT 伺服器
client.connect()
print('MQTT連線成功')

# 從 MQTT 伺服器獲得資料
def get_cmd(topic,msg):
    print(msg)
    # 如果接收到的資訊為 person, 開始捲動
    if(msg == b"person"):
        oled.hw_scroll_h()
        time.sleep(2.5)
        oled.hw_scroll_h(False)
        time.sleep(2.5)
        oled.hw_scroll_off() # 停止捲動
        time.sleep(0.5)

client.set_callback(get_cmd)
client.subscribe(TOPIC)
oled.text("Welcome", 0, 0)
oled.text("to", 0, 16)
oled.text("the", 0, 32)
oled.text("Museum", 0, 48)
oled.show()
```

```
oled.hw_scroll_off() # 不捲動
time.sleep(1)

while True:
    # 與伺服端通訊, 確保不會斷線
    client.ping()
    # 確定是否有新資料
    client.check_msg()
```

**設計原理** **p5.js Web Editor**

在 setup() 函式中先重置用來計算經過時間的計時器, 由於 AIO 發佈資料的時間間隔為 2 秒, 待每次發佈資料後都會將計時器重置, 這裡用到的函式是 **millis()** 可以取得整個程式從**開始執行**到**目前**的時間:

```
function setup(){
  now = millis();
...
}
```

接著再設定攝影機, 並命名 **videoReady** 為回呼函式, 由於我們會將辨識結果得到的標籤與信心值顯示於畫面, 所以要將攝影機拍到的**原始畫面**隱藏:

```
video = createCapture(VIDEO, videoReady);
video.hide();
```

在 draw() 函式則只需要使用 image() 不斷更新畫面:

```
image(video, 0, 0);
```

再分別定義**影像**載入與**物件偵測器的模型**載入完成後的回呼函式，建立物件偵測器物件時，第一個參數為**模型選項**，這裡使用 cocossd，待模型載入完成後，使用 **detector.detect()** 這個方法來辨識，並使用攝影機畫面物件 **video** 作為來源：

```
function videoReady(){
  detector = ml5.objectDetector("cocossd", modelReady);
}

function modelReady(){
  detector.detect(video, gotDetections);
}
```

在處理辨識的回呼函式 **gotDetections** 中走訪每一個辨識結果，若是 **"person"** 則表示導覽設備前**有人**經過，這時若是已連上 MQTT 伺服器而且距離上次發送已超過 5000 毫秒（即 5 秒，導覽面板的文字捲動動畫的持續時間）則使用 **client.publish()** 方法將資料 **"person"** 發佈至伺服器，其中 millis() － now 可以得到自從程式執行過 now = millis() 到目前為止經過的時間：

```
for(let i = 0; i < results.length; i++){
  let object = results[i];

  if (object.label == "person"){
    // 如果連上 MQTT 伺服器  且  間隔 5 秒以上
    if(connectMQTT == true && millis() - now >= 5000) {
      client.publish(mqttTopic, "person");
      console.log("傳送成功");
      now = millis(); // 更新時間
    }
  }
}
```

發送資料後在畫面顯示辨識結果的**邊界框**並標示**標籤**：

```
// 畫出綠框框住物體
stroke(0, 255, 0);
strokeWeight(4);
noFill();
rect(object.x, object.y, object.width, object.height);
// 顯示標籤在綠框左上角
noStroke();
fill(0);
textSize(24);
text(object.label, object.x + 10, object.y + 24);
```

最後記得在得到辨識結果後，再次執行 **detector.detect()** 程式才會一直不斷辨識：

```
detector.detect(video, gotDetections);
```

**程式設計** p5.js Web Editor

連線『**https://www.flag.com.tw/maker/FM634A/JS**』，再開啟『**LAB00_ 用 JS 學 ML**』並執行『**檔案／建立副本**』後，於『**sketch.js**』輸入以下程式碼：

| LAB08_傳送資訊 | JS |
| --- | --- |

```
let video;
let detector;
let connectMQTT = false; // 是否連接 MQTT 伺服器
let now;
let last;


// --------- MQTT 資訊 ---------
let client;                                // MQTT 客戶端
let mqttUsername = "AIO帳號";               // AIO 帳號
let mqttPassword = "AIO金鑰";               // AIO 金鑰
let mqttTopic = mqttUsername + "/feeds/step"; // AIO feeds
```

```javascript
function videoReady(){
  detector = ml5.objectDetector("cocossd", modelReady);
}

function modelReady(){
  detector.detect(video, gotDetections);
}

function gotDetections(error, results){
  if(error){
    console.error(error);
  } else {
  for(let i = 0; i < results.length; i++){
    let object = results[i];

    if (object.label == "person"){
      // 如果連上 MQTT 伺服器且間隔 5 秒以上
      if(connectMQTT == true && millis() - now >= 5000) {
        client.publish(mqttTopic, "person");
        console.log("傳送成功");
        now = millis(); // 更新時間
      }
    }
    // 畫出綠框框住物體
    stroke(0, 255, 0);
    strokeWeight(4);
    noFill();
    rect(object.x, object.y, object.width, object.height);
    // 顯示標籤在綠框左上角
    noStroke();
    fill(0);
    textSize(24);
    text(object.label, object.x + 10, object.y + 24);
  }
  // 再次偵測
  detector.detect(video, gotDetections);
}
```

```javascript
}

function setup(){
  // 重置計時器
  now = millis();

  createCanvas(640, 480);
  video = createCapture(VIDEO, videoReady);
  video.hide();

  // MQTT 設定
  let options = {
    username: mqttUsername, // 使用者名稱
    password: mqttPassword, // 金鑰
  };
  client = mqtt.connect(
    "wss://io.adafruit.com:443",
    options);
  console.log("連線 MQTT 伺服器中...");
  client.on("connect", () => {
    console.log("已連線 MQTT 伺服器");
    connectMQTT = true;    // 已連接 MQTT 伺服器
  });
}

function draw(){
  image(video, 0, 0);
}
```

在 **Thonny** 程式再次確認**無線網路**與 **AIO 帳號金鑰資訊**皆正確後按下 F5，
待看到**互動環境 (Shell)** 出現 Wi-Fi、MQTT 連線成功後，會發現 **OLED 導
覽面板**出現**靜態文字**，回到 **p5.js Web Editor** 也確認 **AIO 帳號金鑰資訊**皆
正確後按 Ctrl + Enter，待 **預覽窗格**出現攝影機畫面，在模型載入完成之前
畫面會呈現定格狀態，待載入完成後，會看到只要有人在畫面中，就會以**綠
色框**標示，框框左上角也會有 **"person"** 標籤，這時也可以看到 **OLED 導覽
面板**上的文字開始向右捲動，2.5 秒後向左捲動 2.5 秒後停止，若持續辨識
到人則重複動作：

文字會根據有出
現人而開始向右
向左的動畫

預覽窗格顯示綠
色邊界框與標籤

曾經有一款相當熱門的橫向捲軸動作手機遊戲 Flappy Bird，主角是一隻鳥，玩家唯一的操作方式就是點擊螢幕，每點一次鳥就會往上飛一小段距離，若沒有持續點擊螢幕，鳥就會受到重力影響往下墜，玩家必須讓角色維持在適當的高度才能穿越關卡；而我們已經預先準備好類似的遊戲，本章將會實作透過語音辨識出特定英文單字，控制遊戲角色動作，若不慎遊戲結束則啟動振動馬達回饋給玩家。接下來就先來認識振動馬達。

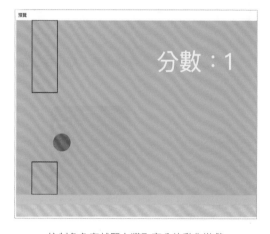

控制角色穿越關卡獲取高分的動作遊戲

# 6

## 語音辨識 --
## Flappy Ball

"Hey! Siri" 已經成為有些人的生活一部分，舉凡設定鬧鐘、詢問天氣甚至傳送訊息都可以用數位個人助理來完成，為何這些由程式碼所組成的助理可以聽得懂使用者的命令呢？一切都是因為機器學習，藉由不斷訓練讓這些機器辨識語音的能力越來越強大，本章將實作使用 ml5 的語音辨識功能，讓使用者使用語音來操作經典遊戲。

## 6-1　振動馬達

振動馬達共有 3 個接腳，分別是 **GND**、**VCC**、**IN**。VCC 和 GND 代表振動馬達的電源；IN 代表**訊號**，只要給它高電位，馬達就會振動，反之給它低電位就不會振動，控制方式其實跟 LED 很像。

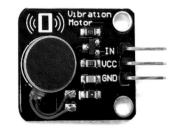

# LAB09 啟動振動馬達

## 實驗目的

利用控制板的數位輸出來控制振動馬達

## 線路圖

將振動馬達模組垂直插在麵包板上,再取出**紫**、**紅**、**棕**三條杜邦線如圖連接:

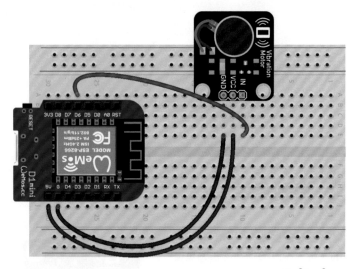

fritzing

## 設計原理　Thonny

建立腳位控制物件時,參數直接使用 value = 0 將初始輸出值設為低電位,這種指定名稱的參數稱為**關鍵字參數** (Keyword Arguments),因為有參數名稱,在閱讀程式碼的時候可以一眼就知道參數是什麼:

```
Thonny
# 振動馬達(12 代表 D1 mini 的 D6 腳位)
vMotor = Pin(12,Pin.OUT,value = 0)
```

物件建立好後,就可以使用 value(1) 或 value(0) 改變電位高低開啟或關閉振動馬達:

```
Thonny
vMotor.value(1)
vMotor.value(0)
```

## 程式設計　Thonny

⚠ 範例程式下載網址 https://www.flag.com.tw/DL?FM634A

```
LAB09_vibration.py                              Thonny
from machine import Pin
import time

# 振動馬達(12 代表 D1 mini 的 D6 腳位)
vMotor = Pin(12,Pin.OUT,value = 0)

while True:
    vMotor.value(1)
    time.sleep(0.5)
    vMotor.value(0)
    time.sleep(0.5)
```

按下 F5 執行程式後，振動馬達會振動 0.5 秒後，停止振動 0.5 秒，一直不斷重複。

## 6-2 語音辨識

我們在前面章節使用預先訓練的模型來實作影像分類器，本節將介紹如何使用 ml5 的聲音分類器，分類不同的語音，使用的模型為 **SpeechCommands18w**，可以辨識 18 種語音控制會用到的標籤，包含英文 1(one) 到 9(nine)，以及 "up"、"down"、"left"、"right"、"go"、"stop"、"yes" 和 "no"。

然而聲音是如何透過神經網路來辨識呢？其實在輸入神經網路之前，會將聲音轉換為一種描述聲音構成的資訊隨時間變化的圖，稱為『**時頻譜**』(Spectrogram)，再將該圖如同影像辨識操作方法，輸入至神經網路進行辨識或訓練。

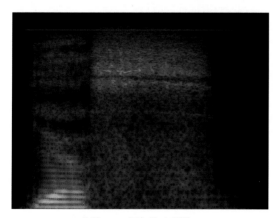

某段 "yes" 語音的時頻譜

# LAB10 語音辨識

實驗目的

設計一個網頁利用 ml5 的聲音分類器，並使用預先訓練好的模型來辨識從麥克風擷取到的聲音。

---

💡 **知識補給站**

若操作的電腦沒有麥克風設備，可以使用手機搭配傳輸線連接電腦，並下載第三方軟體使用，詳細步驟可連線：

https://hackmd.io/@flagmaker/HkI_6xc9O
或掃描 QR code 至教學網頁參考：《使用手機當電腦的攝影機或麥克風》

使用手機當電腦的攝影機或麥克風

---

設計原理　**p5.js Web Editor**

在建立聲音分類器之前，需建立設定**語音辨識閾值** (probabilityThreshold) 的物件，辨識結果信心值要大於此閾值才會回傳，閾值介於 0~1 之間：

```
let optionsClassifier = { probabilityThreshold: 0.95 };
```

接著可以在 setup() 建立 ml5 聲音分類器並使用 **SpeechCommands18w** 模型及 **optionsClassifier** 設定，modelReady 為回呼函式：

```
classifier = ml5.soundClassifier(
  "SpeechCommands18w",
  optionsClassifier,
  modelReady
);
```

分類器建立完成後就可以啟動聲音分類器，並指定 gotResult 為回呼函式：

```
function modelReady() {
  classifier.classify(gotResult);
}
```

辨識結果 results 陣列中為 18 個前面提到的標籤，還有未知的單字
"Unknown Word" 和背景雜訊 "Background Noise" 分類，而且會依照信心值
**由大到小**排序，我們只要列出第一個分類標籤和該信心值作為辨識結果，並
且要判斷該標籤不是背景雜訊。另外，這個聲音分類器使用上跟影像分類辨
識有個不同的地方，classifier.classify() 執行一次後會開始不斷運作，所以不
需要在辨識出結果後再次執行：

```
function gotResult(error, results) {
  // 顯示錯誤訊息
  if (error) {
    console.error(error);
  }
  // 顯示結果
  if(results[0].label != "Background Noise"){
    console.log(results[0].label, results[0].confidence);
  }
}
```

 知識補給站

除了使用預先訓練好的模型，也可以使用 Google 提供
的 **Teachable Machine** 線上分類器訓練服務所訓練而
成的模型，有興趣的讀者可以參考我們的延伸教學：

**https://hackmd.io/@flagmaker/HJsjJ9cVt**

**程式設計** p5.js Web Editor

連線 **https://www.flag.com.tw/maker/FM634A/JS**，再開啟『**LAB00_ 用
JS 學 ML**』並執行『**檔案 / 建立副本**』後，於 **sketch.js** 輸入以下程式碼：

**LAB10_語音辨識**　　　　　　　　　　　　　　　　　JS
```
let classifier;
// 辨識閾值
let optionsClassifier = { probabilityThreshold: 0.95 };

function modelReady() {
  console.log('模型讀取完畢');
  classifier.classify(gotResult);
  console.log("開始辨識");
}

function gotResult(error, results) {
  // 顯示錯誤訊息
  if (error) {
    console.error(error);
  }
  // 顯示結果
  if(results[0].label != "Background Noise"){
    console.log(results[0].label, results[0].confidence);
  }
}
```

```
function setup() {
  noCanvas();
  classifier = ml5.soundClassifier(
    "SpeechCommands18w",
    optionsClassifier,
    modelReady
  );
}
```

**實測**

在 **p5.js Web Editor** 按 `Ctrl` + `Enter` 後，若是瀏覽器首次開啟此網站需要先允許麥克風權限：

按此允許

在下方**主控台**窗格看到『**開始辨識**』文字後，就可以對著電腦的麥克風說出 "yes"，若有成功辨識即會出現該標籤與信心值：

此警告為使用者瀏覽器對聲音的採樣率與模型不同，可忽略

辨識結果　　　　　　　　信心值

## 6-3 語音控制遊戲

了解如何使用 ml5 聲音分類器之後，還可以將辨識結果套用在其他應用中，接下來的實驗我們已經先準備了一個簡單的遊戲 **Flappy Ball**，這是一個橫向捲軸遊戲，主角為一個不斷往畫面右邊移動的**圓球**，玩家只能操作**往上**移動的指令，若沒有持續發出往上指令，圓球會緩慢落下，場景中上下會有隨機高度的**柱子**，玩家必須讓圓球可以順利通過上下方柱子中間的縫隙，若不慎碰到柱子則遊戲結束；實驗中只會實作語音辨識控制遊戲，關於遊戲如何設計不在本書範疇，有興趣的讀者可以打開額外匯入的 JS 檔案查閱。

## LAB11 語音控制遊戲 -- Flappy Ball

**實驗目的**

本實驗分成 2 個部分，控制板負責**接收**來自遊戲網頁的訊息，若遊戲結束則**啟動**振動馬達；遊戲網頁則藉由辨識使用者語音 **"up"** 控制遊戲角色向上移動，若不慎挑戰失敗，則使用 MQTT 發佈遊戲結束訊息至控制板。

```
def get_cmd(topic,msg):
    print(msg)
    # 如果接收到的資訊為 end 馬達就開始振動
    if(msg == b"end"):
        vMotor.value(1)
        time.sleep(1.5)
        vMotor.value(0)
```

## 線路圖

同 Lab 09。

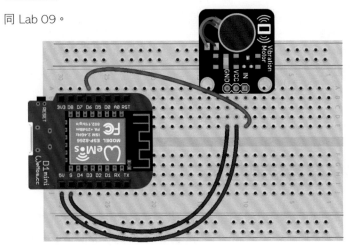

fritzing

## 設計原理　Thonny

請依 **5-2** 節所敘方法連線至 **AIO feeds** 頁面建立 **"game"** 這個 feed：

建立『game』

控制板程式與 Lab08 使用 MQTT 方法皆相同，唯訂閱的**頻道主題**與**資料**不同，若收到 **"end"** 則啟動振動馬達 **1.5** 秒後停止：

## 程式設計　Thonny

⚠ 範例程式下載網址 https://www.flag.com.tw/DL?FM634A

```
from umqtt.robust import MQTTClient
from machine import Pin
import network
import time

# 振動馬達(12 代表 D1 mini 的 D6 腳位)
vMotor = Pin(12,Pin.OUT,value = 0)

# 連線至無線網路
sta=network.WLAN(network.STA_IF)
sta.active(True)
sta.connect('無線網路名稱', '無線網路密碼')
while not sta.isconnected() :
    pass
print('Wi-Fi連線成功')

client = MQTTClient(client_id='',                    # 用戶端識別名稱
                    server='io.adafruit.com',  # 中介伺服器網址
                    user='AIO_USER',                 # AIO 帳戶名稱
                    password='AIO_KEY')              # AIO 金鑰

TOPIC = client.user.encode() + b'/feeds/game' # 訂閱主題
```

```
# 連線至 MQTT 伺服器
client.connect()
print('MQTT連線成功')

# 從 MQTT 伺服器獲得資料
def get_cmd(topic,msg):
    print(msg)
    # 如果接收到的資訊為 end 馬達就開始振動
    if(msg == b"end"):
        vMotor.value(1)
        time.sleep(1.5)
        vMotor.value(0)

client.set_callback(get_cmd)
client.subscribe(TOPIC)

while True:
    # 與伺服端通訊，確保不會斷線
    client.ping()
    # 確定是否有新資料
    client.check_msg()
```

**設計原理** **p5.js Web Editor**

建立聲音分類器時，使用 **modelReady** 作為回呼函式：

```
let optionsClassifier = { probabilityThreshold: 0.95 };
classifier = ml5.soundClassifier('SpeechCommands18w',
                                 optionsClassifier,
                                 modelReady);
```

modelReady 回呼函式中將模型讀取完成的變數 **modelOK** 從 false 改為 true，即可在後面用來判斷遊戲程式為可以開始執行，並執行**聲音分類器**開始分類辨識和 **flappyBallINIT()** 初始化遊戲場景中元件的大小：

```
function modelReady() {
  modelOK = true;
  // 開始語音辨識
  classifier.classify(gotResult);
  // flappy ball 初始化設定
  flappyBallINIT();
}
```

處理辨識結果的 gotResult 回呼函式則需要判斷辨識結果若為 "go" **而且** readyToGo 變數為 true 時，就符合啟動遊戲的條件。程式碼中 **&&** 在 if 判斷式表示需要同時成立的條件；若辨識結果符合 "up"，而且距離上一次發送時間超過 700 毫秒，則執行 fly() 函式，讓角色往上移動一次。由於此聲音分類器設計的關係，有可能同一語音在短時間內出現多次相同的辨識結果，所以往上移動的命令須間隔一段時間，避免重複動作：

```
function gotResult(error, results) {
  if (error) {
    console.error(error); // 顯示錯誤訊息
  } else {
    if (results[0].label != "Background Noise") { // 顯示結果
      console.log("目前收到的聲音：" + results[0].label);
    }
    if (results[0].label == "go" && readyToGo == false) {
      console.log("遊戲開始！");
      readyToGo = true;
      reset();
    }
    if (results[0].label == "up" && millis() - soundLastT > 700) {
      fly();
      // 紀錄發出命令的時間
      soundLastT = millis();
    }
  }
}
```

最後在 draw() 中判斷模型準備完成、已連上 MQTT 而且遊戲不在停止狀態，就不斷執行 game() 函式以進行遊戲，checkGameEnd() 函式會傳回遊戲是否結束，若結束則發佈 MQTT 訊息：

```
// 模型準備完成   且   連上 MQTT
if (modelOK == true && connectMQTT == true) {
  if (!checkGameEnd()) {
    // 開始 flappy ball 遊戲
    game();
    // 如果遊戲結束 且 還沒發出指令
    if (checkGameEnd()) {
      readyToGo = true;
      // 傳送資訊到 MQTT 伺服器
      client.publish(mqttTopic, "end");
      console.log("傳送成功");
    }
}
```

程式設計 **p5.js Web Editor**

由於本實驗程式碼較長，且相關用法與前面章節都相似，可自行參照程式碼；請連線 **https://www.flag.com.tw/maker/FM634A/JS**，直接開啟 **LAB11_ 語音控制遊戲**後**建立副本**，並修改 sketch.js 程式碼第 18、19 行 **AIO 帳號**與**金鑰**資訊。

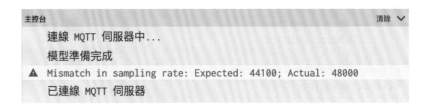

```
LAB11_語音控制遊戲                                              JS
...
16   // --------- MQTT 資訊 ---------
17   let client;                      // MQTT 客戶端
18   let mqttUsername = "AIO 帳號";    // AIO 帳號名稱
19   let mqttPassword = "AIO 金鑰";    // AIO 金鑰
20   let mqttTopic = mqttUsername + "/feeds/game"; // AIO feeds
...
```

實測

在 **Thonny** 程式再次確認**無線網路**與 **AIO 帳號金鑰資訊**皆正確後按下 `F5`，會看到**互動環境 (Shell)** 出現 Wi-Fi、MQTT 連線成功。

回到 **p5.js Web Editor** 也確認 **AIO 帳號金鑰資訊**皆正確後按 `Ctrl` + `Enter`，**主控台**窗格會顯示相關訊息：

主控台                                                        清除 ∨

連線 MQTT 伺服器中...
模型準備完成
⚠ Mismatch in sampling rate: Expected: 44100; Actual: 48000
已連線 MQTT 伺服器

待**預覽窗格**出現『**請說 GO 以啟動遊戲**』時，說出 **"go"** 即會看到遊戲畫面：

說出『GO』即可開始遊戲

請利用語音 "up" 控制遊戲角色圓球不斷穿越柱子間隙以獲得分數：

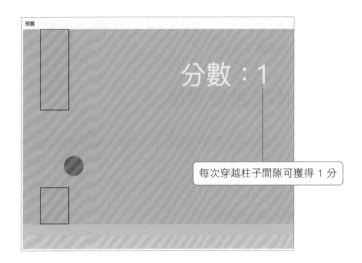

若不慎遊戲結束遊戲結束會顯示上一次遊戲的**最高分數**，再次說出 "go" 可
重新開始遊戲：

# 7

## 訓練自己的神經網路：迴歸問題 -- 動態背景

視訊直播、視訊會議越來越普及的今日，即時去背已成為必備功能，不需特別使用綠幕背景就可以輕鬆去除背景，本章要介紹 ml5 內建的 UNET Face 功能，它可以快速地將人物與背景分離；但除了去背之外，本章另一個重點為自製的電子溫度計，我們將利用溫度變化呈現不同特效背景，讓環境的溫度視覺化。

由於我們的實驗環境較難與硬體規格標準一致，無法直接將**感測器數值**套用公式轉換成**實際溫度**，本章將使用**迴歸預測**來找出之間的關聯，先從控制板取得感測器數值，透過 MQTT 傳送至網頁端，使用訓練好的迴歸模型預測出溫度，完成自製的**電子溫度計**。

## 7-1　NTC 熱敏電阻

為了要偵測環境溫度用以改變視訊背景，需要使用相關感測器才能得到溫度，本套件使用『NTC 熱敏電阻』作為感測器。NTC 熱敏電阻有**溫度越高，電阻值越低**的特性，本章就會用它來製作溫度計。

⚠ NTC 熱敏電阻後面簡稱熱敏電阻。

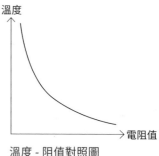

溫度 - 阻值對照圖

　**硬體補給站**

電阻是一種妨礙電流的能力，電阻越高時，代表妨礙電流的能力越強。

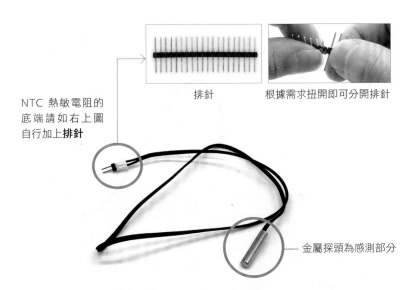

排針

根據需求扭開即可分開排針

NTC 熱敏電阻的
底端請如右上圖
自行加上**排針**

金屬探頭為感測部分

為了量測熱敏電阻的分壓值，會將分壓
電路中的 1 個電阻更換為熱敏電阻：

因為電阻與電壓的關係呈正相關，所以
從原本尋找**電阻與溫度**關係改成**電壓
與溫度**關係。

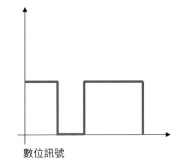

3.3V → GND

溫度越低 → 電阻越大 → 電壓越大

## 7-2 分壓電路

熱敏電阻的電阻值與溫度有相對應的關係，但 D1mini 上卻沒有量測電阻值
的能力，該怎麼辦呢？D1mini 雖然不能量測電阻值，但可以量測**電壓**。電壓
與電阻可以使用『分壓電路』來解釋兩者間的關係。

**分壓電路**可用食物分配來作例子：我們把電壓當作 3 根香蕉，現在有『1 隻
胖猴子』和『1 隻瘦猴子』要分配這 3 根香蕉，胖的猴子需要吃比較多根
(2根)，而瘦的猴子則會拿到相對少根 (1根)。現在將這個概念用到 2 個電
阻上，當 2 個電阻頭尾串接時，**電阻值高的電阻**就會依比例得到較多的電壓，
**電阻值低**的則會得到較少的電壓：

3.3V    16k Ω         10k Ω                    GND

$3.3V \times \dfrac{16}{10+16} = 2.03V$         $3.3V \times \dfrac{10}{10+16} = 1.27V$

## 7-3 D1 mini 類比輸入

GPIO 腳位除了像 **LAB03 點亮 LED** 輸出電流外，還可以讀取**輸入訊號**。
D1mini 可以藉由感測器輸出的電壓變化了解目前感測器的狀態，例如：聲
音感測器接收到聲音時就會變化輸出電壓高低。

D1mini 的 GPIO 腳位不管是做為**輸出**
還是**輸入**，都只有 " 高電位 (3.3V)" 和 "
低電位 (0V)" 2 種選項，沒有其他的電
壓值。這種不連續的訊號變化稱為**數位
訊號**：

數位訊號

但現實生活中的訊號（例如溫度）在變化時，並不會只有 2 種值，例如溫度變化時會從 23℃ 慢慢變到 23.1℃，中間的值有無限多種可能。這種**連續的變化**稱為『**類比訊號**』：

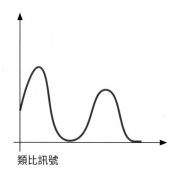

類比訊號

D1mini 無法讀取類比訊號，需要透過 **ADC( 類比數位轉換器 Analog-to-Digital Conversion)**，將類比訊號轉換成數位訊號。而 D1mini 僅有 A0 腳位提供 ADC 功能。

# LAB12 讀取熱敏電阻分壓值

## 實驗目的

藉由類比腳位讀取熱敏電阻的 ADC 值。

## 線路圖

將**熱敏電阻**插在麵包板上，再取出**灰**、**白**杜邦線和 **16KΩ 電阻**如圖連接：

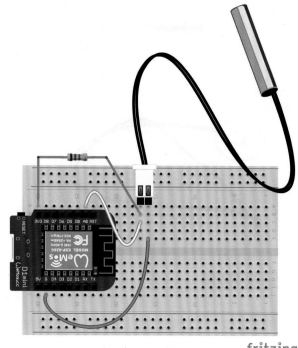

fritzing

## 設計原理　Thonny

熱敏電阻的電阻值會隨著溫度不同而有所變化，雖然 D1mini 無法量測電阻值，卻可以將熱敏電阻與 16kΩ 電阻串聯，使用分壓電路**阻值越高，分壓越高**的特性，由類比腳位讀取代表分壓的 ADC 值即可反應電阻的變化

本實驗需要使用 A0 類比腳位，必須從 machine 模組匯入 ADC 建立物件：

Thonny

```
from machine import ADC
adc = ADC(0)
```

物件建立好後，就可以使用 read() 讀取 ADC 值，它會將 0~3.2V 電壓值轉成 0~1024 的整數值：

```
Thonny

print(adc.read())
```

**程式設計** Thonny

⚠ 範例程式下載網址 https://www.flag.com.tw/DL?FM634A

**LAB12_ADCread.py**  Thonny

```
from machine import ADC
import time

adc = ADC(0)    # 設定 A0 輸入腳位

while True:
        print(adc.read())
        time.sleep(0.5)
```

**實測**

按下 F5 執行程式後，即可看到每 0.5 秒顯示一次 ADC 值：

```
互動環境 (Shell) ×

>>> %Run -c $ED

    409
    409
    410
    409
    410
```

依照分壓線路，溫度上升→電阻下降→分壓下降。嘗試用手握住熱敏電阻的金屬探頭，看看 ADC 值會不會因為溫度升高而慢慢變小。

⚠ 如果想要停止程式，可以點擊 Thonny 的 STOP 鍵。

## 7-4 神經網路：迴歸模型

在 1-3 節的時候有介紹過神經網路，而其中提到的迴歸問題正是本章節要實作的重點，我們希望神經網路在輸入**特徵值**（控制板讀取到的 ADC 值）之後，就可以得到正確的**標籤**（實際溫度），所以在架設神經網路之前，必須先**蒐集**多筆資料，再將資料輸入到我們架設的神經網路進行**訓練**，最後就可以使用該模型進行溫度**預測**。

### 蒐集資料：量測及記錄 ADC 值與實際溫度

前面 **LAB12 讀取熱敏電阻分壓值**已經學會如何讀取 ADC 值，接下來就要蒐集多筆**實際溫度**和對應的 **ADC 值**。在蒐集資料前，先將**自製電子溫度計**和**水銀溫度計**放在一起，才能確保兩者讀取到同一個溫度。

資料記錄的範圍、筆數並沒有限制，讀者可以根據自己的需求調整。

本實驗所需要的**溫度資料集範本**已存放在範本草稿 **LAB00_用 JS 學 ML** 中，實作時就不需再額外上傳或修改，若**自己蒐集**資料的讀者可以從**草稿檔案**窗格開啟『assets/temperature.txt』後，自行增減修改，其中 assets 資料夾是建立範本草稿時，用來存放素材檔案而建立的，若新增草稿則要自行建立這個資料夾。本範例資料從 1℃到 81℃溫度範圍中，一共蒐集了 78 筆資料。

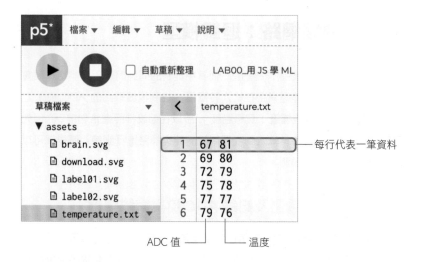

每行代表一筆資料

ADC 值 ——— 溫度

在蒐集資料的過程中，請盡量蒐集想要量測範圍內的資料。例如想要量測環境溫度，就蒐集大約 5~40°C 的資料，因為正常情況下，氣溫或體溫並不會超過此範圍，範圍外的資料沒有意義。

蒐集**不重複**的資料可以幫助訓練時的多變性，讓訓練好的模型預測效果更好。所以除了範圍選擇正確，蒐集不重複的資料也很重要。

⚠ 我們記錄時是將自製溫度計的金屬探頭和水銀溫度計放到熱水中，並藉由熱水不斷接近常溫的過程，記錄每隔 1°C 的 ADC 值，等溫度到達常溫時再使用冰塊讓其繼續下降，並一樣每隔 1°C 記錄 1 次 ADC 值。上述方式可供大家參考。

## 建立神經網路：迴歸模型

有了資料之後，接著要建立 ml5 神經網路物件及相關參數變數，如下：

```
nn = ml5.neuralNetwork(options);
```

並設定參數：

```
let options = {
  learningRate: 0.2,
  task: "regression",
  debug: true,
  layers: [
    {
      type: "dense",
      units: 16,
      activation: "relu",
    },
    {
      type: "dense",
      units: 16,
      activation: "relu",
    },
    {
      type: "dense",
      activation: "sigmoid",
    },
  ],
};
```

其中 **learningRate** 就是 1-3 節所介紹的**學習率**，**task** 為模型類型，本例使用迴歸 (regression)，**debug** 模式為 true 表示在訓練過程中，要開啟監看損失值變化過程的視覺化工具 tfjs-vis，最後設定神經網路的架構，每組大括號表示每一層神經層 (layer)，本例設定 3 層 **dense** 神經層類型 (type)，神經元數量 (units) 為 16，激活函數 (activation) 除了已介紹過的 ReLU 之外，最後一層使用的 sigmoid 函數則是將數值類比至 0~1 之間，作為預測值。

⚠ 密集層 (Dense layer) 就是最普通的神經層，它的每一個神經元都會與上一層的每個神經元連接，因此又稱為全連接層。

接著要增加訓練資料，由於我們的資料放在文字檔，可使用 **loadStrings()** 讀取檔案，該函式會根據**每行**文字（本例剛好是每筆資料）建立一個字串**陣列**：

```
loadStrings("assets/temperature.txt", addTrainingData);
```

因為每筆資料中 ADC 值與實際溫度是以空格分隔，可使用 **split()** 將其分開，第二個參數 " " 即表示以空格作為分隔符號，再用 **nn.addData()** 方法增加每筆**特徵值**與**標籤**資料至神經網路：

```
function addTrainingData(dataResult) {
  for (var i = 0; i < dataResult.length; i++) {
    let data = split(dataResult[i], " ");
    // 增加資料
    nn.addData([int(data[0])], [int(data[1])]);
  }
}
```

記得在 LAB02 訓練之前需要先將**資料正規化**嗎？相同地為避免數值過大造成誤差值無法收斂，使用資料正規化方法：

```
nn.normalizeData();
```

接下來就可以開始訓練：

```
nn.train(trainingOptions, finishedTraining);
```

訓練模型的設定參數 **epochs** 代表訓練週期次數，例如後面的實驗就會先訓練一次，觀察預測效果後，再訓練 100 次來比較差異：

```
let trainingOptions = {
  epochs: 100
};
```

在訓練模型的回呼函式中就可以開始預測，**inputs** 即是輸入神經網路的特徵值：

```
function finishedTraining() {
  nn.predict(inputs, predictResult);
}
```

在預測結果的回呼函式可以將結果顯示於**主控台**窗格：

```
function predictResult(err, results) {
  if (err) {
    console.log(err);
    return;
  }
  console.log("預測溫度:" + results[0].value);
}
```

# LAB13 即時溫度計_訓練模型

前面介紹了蒐集資料與建立神經網路後，接著就來實作一個即時偵測溫度計，本實驗為訓練模型並下載，實際預測感測器數值會在下一個實驗實作。繪圖的相關程式我們已先設計在範本草稿 **gui.js** 中，有興趣的讀者可以自行查看，本章重點為建立神經網路與讀取感測器資料。

### 實驗目的

將蒐集好的 **ADC 值 / 實際溫度**資料輸入到神經網路進行訓練，訓練完成後觀察預測既有資料集的結果，再下載訓練完成的模型。

**p5.js Web Editor**

為了觀察神經網路訓練的成效，本例會先將蒐集好的每筆資料，以 **ADC 值**作為 x 座標值，實際**溫度**為 y 座標值畫出每個藍色圓點，而本實驗訓練模型會進行 2 次，訓練週期分別為 1 和 100，訓練神經網路後，會再將資料集中的 ADC 值作為 x，**預測結果**當作 y，在畫面上畫一個 3 乘 3 像素正方形圖形，使正方形連成一條**曲線**，以便觀察預測值與正確值的差異，紅色曲線表示 1 訓練週期，綠色則是 100 週期，用來比較訓練週期不同對於模型的影響。

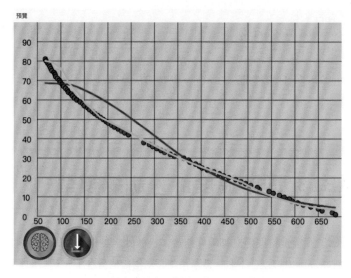

不同顏色曲線表示訓練週期不同的結果

為了顯示適當區間的圖表，先建立相關的變數，initCount 為我們蒐集的資料中，最小的 ADC 值，所以畫預測曲線的時候會以 counter 變數從該值遞增至 maxCount，也就是資料集裡最大的 ADC 值 687：

```
let initCount = 67;    // 資料最小值作為圖表基礎
let maxCount = 687;    // 資料最大值
let counter;           // 畫線計次
```

因為會分別以 1 及 100 週期訓練 2 次，需要建立變數來區別是哪一次，true 表示首次訓練：

```
let initTrain = true;   // 目前狀態
```

在 setup() 中，使用自定義函式 drawGUI() 畫出座標圖與圖示按鈕：

```
//----------繪製介面----------
function drawGUI() {
  // 畫出圖表 原點              間距    間隔值   起始值 字體大小
  drawChart(50, height - 100, 50, 40, 50, 10, 50, 0, 16);
  guiImgButton("assets/brain.svg", 20, height - 80, 70,
              startTraining);
  guiImgButton("assets/download.svg", 100, height - 80, 70,
              downloadModel);
}
```

其中 drawChart 會依照指定的原點位置、刻度間距（像素）、刻度間隔值、刻度啟始值與文字大小繪製方格座標圖；guiImgButton 則可在指定位置、大小繪製方形圖示當成按鈕，並在使用者按一下時執行傳入的回呼函式。

繪製方格座標圖後，就可以使用 drawPoint 在特定座標點繪製指定半徑的圓形，例如：

```
// 在座標 (500, 20) 繪製半徑 10 的圓形
drawPoint(500, 20, 10);
```

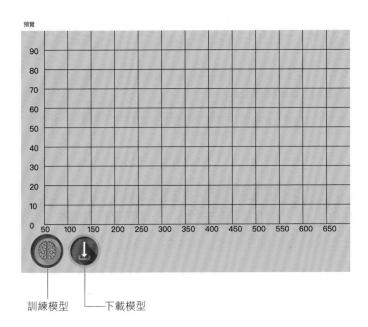

訓練模型　　　下載模型

**訓練模型**按鈕的回呼函式 startTraining 會先讀取資料文字檔，並在完成讀取的回呼函式 addTrainingData 將資料新增至神經網路，再依照本節前文介紹訓練神經網路：

```
function startTraining() {
  loadStrings("assets/temperature.txt", addTrainingData);
}
```

**下載模型**按鈕的回呼函式 downloadModel 會使用 **save(" 檔案名稱 ")** 方法將模型檔案下載到電腦。一共會儲存 3 個檔案：model、model_meta 和 model.weights。

```
function downloadModel() {
  nn.save("model");
}
```

**程式設計** p5.js Web Editor

連線 **https://www.flag.com.tw/maker/FM634A/JS，**再開啟 **LAB13_即時溫度計_訓練模型**並執行『**檔案 / 建立副本**』複製檔案。

**實測**

在 **p5.js Web Editor** 按 Ctrl + Enter 後，預覽窗格會出現空圖表與按鈕，按下訓練按鈕後，會出現 **Visor**(tfjs-vis) 窗格，但首次只訓練 1 週期，不會出現折線圖，接著在圖表上會出現**紅色**曲線，即是當前模型預測既有資料的結果：

訓練 1 週期後預測結果

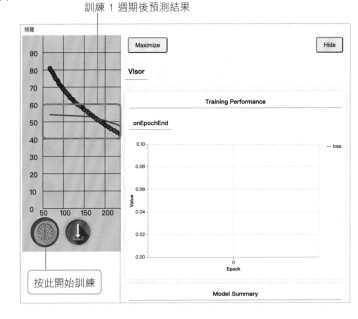

按此開始訓練

紅色曲線繪製完成後，會以週期為 100 再次訓練，這時就可以看到 Visor 窗格出現折線圖，而且損失值持續**下降**，訓練完成後，會開始繪製**綠色**曲線，按右上角 **Hide** 後，觀察綠色曲線與各個資料座標點吻合，表示該模型可以較正確預測：

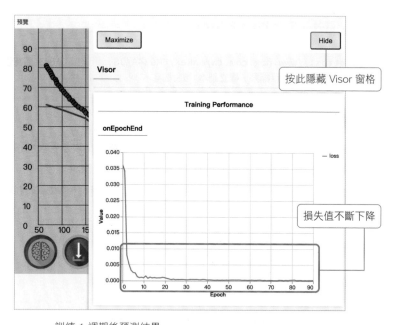

訓練 1 週期後預測結果

按此隱藏 Visor 窗格

損失值不斷下降

按此下載模型

綠色線條為訓練週期 100 後的預測結果

待模型訓練完成後，主控台會顯示『訓練完成！請按下載模型圖示。』文字，再按**下載模型**圖示將模型下載到自己的電腦中，一共會儲存 3 個檔案，若瀏覽器有設定則會存至指定位置：

# LAB14 即時溫度計 _ 預測溫度

完成神經網路模型訓練後，就可以使用此模型來預測感測器的數值，得到目前的溫度。

### 實驗目的

將訓練完成的模型檔案上傳到預測網頁中，再從控制板即時讀取目前的 ADC 值，並傳送至網頁的神經網路進行預測，最後得到預測溫度。

### 線路圖

同 Lab12。

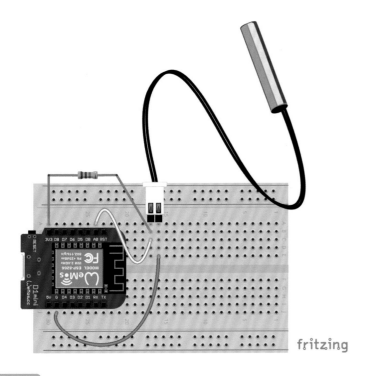

fritzing

**設計原理** Thonny

請依 5-2 節所敘方法連線至 **AIO feeds** 頁面建立 **thermal**：

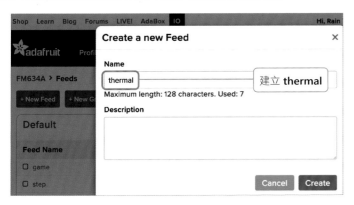

在 **LAB12 讀取熱敏電阻分壓值**中我們可以發現，就算將熱敏電阻放在同一個地方且溫度沒有變化，其 ADC 值還是會有些微的浮動，因此採取每 0.01 秒讀一次 ADC 值，每 20 筆 ADC 值取平均值的方式來降低數值浮動的影響：

```
                                            Thonny
data=0
for i in range(20):          # 重複20次
    thermal=adc.read()       # ADC值
    data=data+thermal        # 加總至data
    time.sleep(0.01)

data=int(data/20)            # 取平均
```

為避免資料過於頻繁傳送，先判斷新數值 newData 與舊數值相差**大於 1 以**上，且距離上一筆傳送時間已**超過 2 秒**才傳送 MQTT 資料，最後將總和歸零後，再取下一次數值：

```
                                            Thonny
if abs(data - newData) > 1:
    newData = data
    # 距離上次發送超過 2 秒以上就發佈到 MQTT 伺服器
    if time.time() - passTime > 2 :
        client.publish(mqttTopic, str(data))
        print ('send:',data)
        passTime = time.time()

data=0     # 總和歸0
```

⚠️ abs(x) 會回傳數值 x 的絕對值。

**程式設計** Thonny

⚠️ 範例程式下載網址 https://www.flag.com.tw/DL?FM634A

```python
from machine import Pin,ADC
import time
import network
from time import sleep_ms
from umqtt.robust import MQTTClient

# 連線到無線網路
sta_if = network.WLAN(network.STA_IF)
sta_if.active(True)
sta_if.connect('無線網路名稱', '無線網路密碼')

adc = ADC(0)                    # 設定 A0 為輸入腳位
print('init:',adc.read())      # 先顯示一次, 確認數值是否正常

# 循環測試網路直到網路連線成功
while not sta_if.isconnected():
    pass
print("控制板已連線")

# 建立 MQTT 客戶端物件
client = MQTTClient(client_id='',          # 用戶端識別名稱
                    server='io.adafruit.com',  # 中介伺服器網址
                    user='AIO_USER',       # AIO 帳戶名稱
                    password='AIO_KEY')    # AIO 金鑰

Topic = client.user.encode() + b'/feeds/thermal'  # 訂閱主題

# 連線至 MQTT 伺服器
client.connect()
print('MQTT連線成功')

passTime = time.time()          # 經過時間
data=0                          # 資料總和
newData = 0
while True:
    # 與伺服端通訊, 確保不會斷線
    client.ping()
```

```python
# ping() 需搭配 check_msg(), 不然無法接收回應
client.check_msg()

for i in range(20):              # 重複20次
    thermal=adc.read()           # ADC值
    data=data+thermal            # 加總至data
    time.sleep(0.01)

data=int(data/20)                # 取平均

#如果新的值超過舊值 1 以上
if abs(data - newData) > 1:
    newData = data
    # 距離上次發送超過 2 秒以上就發佈到 MQTT 伺服器
    if time.time() - passTime > 2 :
        client.publish(Topic, str(data))
        print ('send:',data)
        passTime = time.time()
data=0    # 總和歸0
```

**設計原理**　**p5.js Web Editor**

若要將 LAB13 下載的模型檔案上傳至草稿, 可如下操作:

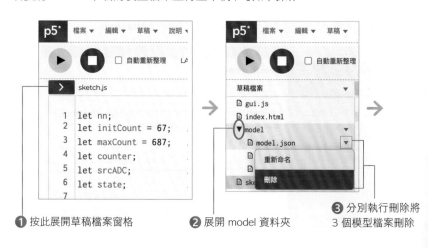

❶ 按此展開草稿檔案窗格　　　❷ 展開 model 資料夾　　　❸ 分別執行刪除將 3 個模型檔案刪除

④ 按此展開功能表　　　⑥ 拖放檔案

⑤ 開啟上傳檔案窗格

**上傳模型**按鈕的回呼函式 uploadModel 則是使用 **load** 方法載入草稿中的模型，範例草稿檔案中已經準備好範例模型於 **model** 資料夾，不需額外上傳，若是自行上傳檔案，請確認程式碼模型路徑是否相符，指定 modelLoaded 為回呼函式：

```
function uploadModel() {
  let modelInfo = {
    model: "model/model.json",
    metadata: "model/model_meta.json",
    weights: "model/model.weights.bin",
  };
  nn.load(modelInfo, modelLoaded);
}
```

在 modelLoaded 中會設定變數 modelReady 為 true，以便在後續收到新的 ADC 值時開始預測溫度。

---

**程式設計** p5.js Web Editor

連線 **https://www.flag.com.tw/maker/FM634A/JS**，再開啟 **LAB14_ 即時溫度計 _ 預測溫度**並執行『**檔案 / 建立副本**』複製檔案後，修改以下 **AIO** 相關程式碼：

| LAB14_即時溫度計_預測溫度 | JS |
|---|---|

```
10   let mqttUsername = "AIO 帳號";
11   let mqttPassword = "AIO 金鑰";
```

**實測**

在 **Thonny** 程式再次確認**無線網路**與 **AIO 帳號、金鑰資訊**皆正確後按下 F5 ，會看到互動環境 **(Shell)** 出現 Wi-Fi、MQTT 連線成功。

回到 **p5.js Web Editor** 也確認 **AIO 帳號金鑰資訊**皆正確後按 Ctrl + Enter ，主控台窗格會顯示相關訊息：

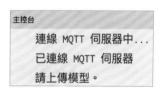

這時候可能會收到 MQTT 的資料，主控台也會出現『無法預測！請先上傳模型』的文字，這是因為我們還沒上傳模型，先不用理會：

按畫面中的上傳模型圖示後，待主控台出現『模型讀取完成，準備預測溫度。』文字，表示模型已上傳。

這時用手**握住**熱敏電阻或改變熱敏電阻周遭溫度，就可以看到從 MQTT 輸入的 ADC 值會根據預測結果繪製隨機顏色座標點於圖中，主控台窗格也會顯示預測溫度數值：

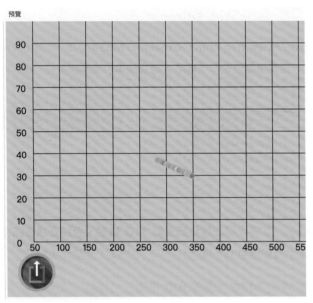

温度變化而傳送的 ADC 經過預測得到的結果

主控台

收到 ADC 值
FM634A/feeds/thermal: 333
預測溫度：31.362050533294678

# 7-5 U-Net 神經網路

U-Net 是用於醫學影像分離的神經網路，例如利用神經網路來預測是否發生
齲齒，U-Net 為 ml5 內建神經網路，其中 **face** 模型即是將人類影像與背景
分離，我們將使用此模型去除含有人物畫面的**背景**。

建立 U-Net 物件 uNet, 因為程式剛開始執行還不會有結果可以顯示，所以需
要先建立存放分離結果的空影像物件 segImage：

```
let uNet;
let segImage;
segImage = createImage(640, 480);
```

使用 "face" 模型建立 U-Net 神經網路，UnetModelLoaded 為回呼函式：

```
uNet = ml5.uNet("face", UnetModelLoaded);
```

使用 uNet.segment() 分離影像：

```
function UnetModelLoaded() {
  uNet.segment(video, gotResult);
}
```

在 gotResult 回呼函式則取 backgroundMask 作為我們要的分離影像結果，
即是去除背景後的影像，另外還有 featureMask 只留下背景，mask 則為遮
罩效果，本例為處理攝影機連續畫面，預測完需再次執行 uNet.segment()
以不斷預測：

```
function gotResult(error, result) {
  segImage = result.backgroundMask;
  uNet.segment(video, gotResult);
}
```

result.
backgroundMask
結果

⚠ ml5 中 U-Net 所預測的
影像結果，解析度固定為
320×240px。

result.featureMask 結果

result.mask 結果

若要顯示結果於畫面中，可使用 image()，由於不斷顯示無背景的畫面會出現疊影，所以繪製前需要使用 background() 清除畫面：

```
background(255, 255, 255);
image(segImage, 0, 0, 640, 480);
```

沒有清除畫面
出現疊影

# LAB15 UNET 去背神器

知道如何使用 U-Net 神經網路分離畫面後，接下來就要將攝影機畫面輸入到神經網路中，再將分離後的畫面搭配自訂的背景顯示出來。

## 實驗目的

使用 ml5 內建神經網路 U-Net 預測人臉部分，並去除背景，再設計程式不斷改變背景顏色顯示中 U-Net 所預測的影像結果，解析度固定為 320240px

## 設計原理 p5.js Web Editor

要讓背景顏色隨時間不斷變化，先建立相關變數，lastTime 為計時器，用來計算經過時間，colorSingle 為遞增或遞減後的顏色數值，isReverse 為 false 時，則是遞增狀態，反之為遞減：

```
let lastTime;
let colorSingle = 0;
let isReverse = false;
```

判斷現在時間減去計時器時間若大於 10 毫秒則變換顏色，若狀態為遞增，顏色數值則加 1，直到數值大於或等於 255 時，再改變狀態為遞減，反之遞減至小於或等於 0 時，狀態改為遞增，每次執行後再重置計時器：

```
if (millis() - lastTime >= 10) {
  if (isReverse){
    colorSingle -= 1;
    if (colorSingle <= 0){
      isReverse = false;
```

```
    }
  }
  else{
    colorSingle += 1;
    if (colorSingle >= 255){
      isReverse = true;
    }
  }
  lastTime = millis();
}
```

使用 background() 改變背景顏色，本例只改變**紅色**數值，綠、藍色數值則分別固定為 0、255：

```
background(colorSingle, 0, 255);
```

程式設計  p5.js Web Editor

連線 **https://www.flag.com.tw/maker/FM634A/JS**，再開啟 **LAB15_UNET 去背神器**並執行『**檔案 / 建立副本**』複製檔案。

實測

按 Ctrl + Enter 後，主控台窗格會顯示相關訊息：

> 主控台
>
> 影像載入完成。
>
> U-Net 模型讀取完成。

接著即可看到攝影機畫面除了自己以外的背景已經去除，而背景顏色則會隨時間不斷變化：

# LAB16 溫度變化動態背景

本實驗要將**讀取環境溫度**、**攝影機畫面去背**結合，將預測溫度顯示於畫面中，再將溫度對應到不同特效，讓拍攝畫面的同時，也一併將環境溫度轉換為影像呈現。

實驗目的

將 **LAB14 即時溫度計**與 **LAB15 UNET 去背神器**結合，根據自製溫度計傳送的 MQTT 資料進行預測，再將溫度分別對應至 3 種不同的特效背景，讓高、中、低溫各有不同顏色的背景與動態圓形粒子顯示。

## 接線圖

同 Lab12。

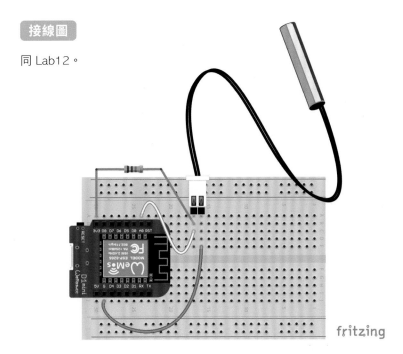

fritzing

## 程式設計　Thonny

⚠ 範例程式下載網址 https://www.flag.com.tw/DL?FM634A

同 LAB14_thermometer.py。

## 設計原理　p5.js Web Editor

在前一個實驗 **LAB15 UNET 去背神器**的實測結果可以發現，人物去背後的邊緣有較明顯的鋸齒效果，也會出現些許背景沒有去除乾淨，本例已經預先準備好處理的函式 blurMask()，有興趣的讀者可以開啟 blur_mask.js 檔案查看，原理為將 U-Net 神經網路預測結果分別取出**已去背的畫面** (result. backgroundMask) 以及**遮罩** (result.mask)，將遮罩根據網頁中的**滑桿**調整

模糊程度，再將模糊後的遮罩**去除**已去背好的畫面，如此就可以讓使用者根據實際狀況調整去背邊緣模糊程度；使用 blurMask() 函式前需要先執行 maskSetup() 建立影像處理用的暫存物件。

利用滑桿調整模糊程度

U-Net 神經網路在本實驗流程如下：

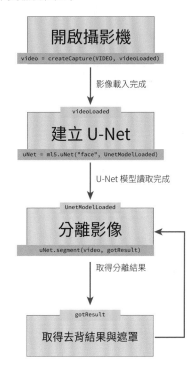

開啟攝影機
`video = createCapture(VIDEO, videoLoaded)`

↓ 影像載入完成

videoLoaded
建立 U-Net
`uNet = ml5.uNet("face", UnetModelLoaded)`

↓ U-Net 模型讀取完成

UnetModelLoaded
分離影像
`uNet.segment(video, gotResult)`

↓ 取得分離結果

gotResult
取得去背結果與遮罩

為確保模糊邊緣函式正常運作，在回呼函式 gotResult 首次取得分離影像後，更改 **U-Net 首次預測狀態**，程式後面會依照此狀態判斷是否開始模糊處理影像：

```
if (!resultGot) {
  resultGot = true;
}
```

預測溫度的神經網路與 MQTT 通訊方式跟前面的實驗都相同，所以這部份程式分別設計於 nn.js 可自行查看，建立時只需要如下使用函式並將 MQTT 資訊相關變數改為自己的，即可建立預測 MQTT 資料的神經網路，而此函式也會將預測後的溫度，根據溫度極值類比為 nowTemp **溫度等級 (0~1)** 變數，我們就可以依照等級來對應不同背景特效：

```
let minTemp = 25;      // 溫度最小值
let maxTemp = 30;      // 溫度最大值
let nowTemp = 0.5;     // 預設溫度等級

createNN();
mqttSetup();
```

依照溫度等級建立顏色漸變背景，這裡使用 p5.js 內建函式 lerpColor()，將 coldColor 顏色過渡至 hotColor，最後的參數表示過渡的**程度** (0~1)，0 為 coldColor，1 為 hotColor：

```
coldColor = color(20, 80, 100);
hotColor = color(50, 0, 0);
lerpedColor = lerpColor(coldColor, hotColor, nowTemp);
background(lerpedColor);
```

動態圓形粒子特效函式 fire()、snow()、greenIt() 分別設計於 fire_ani.js、snow_ani.js、green.js 檔案中，不同函式會在畫面中出現不同顏色粒子，使用時只需填入透明度參數 (0~100) 即可，100 表示不透明，本實驗將溫度等級分別在 0.3 和 0.8 分為 3 等分，對應 3 種粒子特效：

```
// 溫度高
if (nowTemp > 0.8) {
  fire(80);
}
// 溫度低
else if (nowTemp < 0.3) {
  snow(80);
}
// 溫度中
else {
  greenIt(100);
}
```

最後根據 **U-Net 首次預測狀態**決定是否模糊邊緣並顯示畫面，再使用 showText() 函式將溫度值以隨機大小的文字繪製畫面中：

```
if (resultGot) {
  blurMask();
  image(segImage, 0, 0, w, h);
}
showText();
```

### 程式設計 p5.js Web Editor

連線 **https://www.flag.com.tw/maker/FM634A/JS**，再開啟 **LAB16_ 溫度變化動態背景**並執行『**檔案 / 建立副本**』複製檔案後，根據 LAB14 預測到的當前溫度，以正負 5 度作為極值，分別修改程式碼 14、15 行，再修改 **AIO 相關**程式碼：

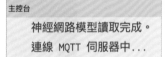

```
LAB16_溫度變化動態背景                                          JS
13  let minTemp = 25;        // 溫度最小值
14  let maxTemp = 30;        // 溫度最大值
...
20  let mqttUsername = "AIO 帳號";
21  let mqttPassword = "AIO 金鑰";
```

**實測**

在 **Thonny** 程式再次確認**無線網路**與 **AIO 帳號、金鑰資訊**皆正確後按下 F5 ，會看到**互動環境 (Shell)** 出現 Wi-Fi、MQTT 連線成功。

回到 **p5.js Web Editor** 也確認 **AIO 帳號 金鑰資訊**皆正確後按 Ctrl + Enter ，主控 台窗格會顯示相關訊息：

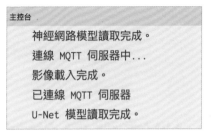

等到預覽窗格出現畫面後，調整滑桿讓人物邊緣剛好不會出現背景，調整過 多則會去除到人物：

調整滑桿

同時主控台窗格也會出現相關狀態資訊：

接著就可以用手握住熱敏電阻，或設法讓溫度上升，即會看到畫面不斷出現 溫度文字，同時背景顏色也會逐漸轉為紅色，待溫度等級達 0.8 時，原本畫 面中的綠色粒子會變成橘黃色粒子：

# 8

## 訓練自己的神經網路：分類問題 -- 打瞌睡警報器

在前一章我們使用神經網路來解決迴歸問題，而本章要解決的分類問題，常出現在需要分類不同輸入資料的應用，可能是影像也可能是各種不同的感測器數值，而本章即是使用 ml5 內建的 3D 臉部偵測模型，取得使用者不同角度的臉部資料，再將資料蒐集後進行訓練，進而即時分類使用者是否為打瞌睡狀態。

本章會分為取得臉部偵測資訊、訓練神經網路跟預測後控制硬體 3 個部分。

## 8-1　Facemesh 臉部偵測

**Facemesh** 是 tfjs 中用來預測**臉部特徵點** (facial landmark) 的模型，也移植到了 ml5，它可以同時從畫面中判讀多張臉孔，並在每張臉中找出 468 個臉部特徵點，接下來就來介紹如何使用 Facemesh 模型。

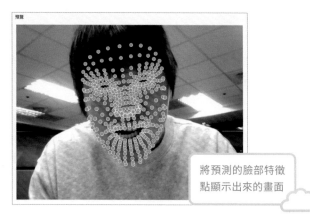

將預測的臉部特徵點顯示出來的畫面

影像來源使用攝影機並建立 facemesh 物件，回呼函式為 modelReady：

```
video = createCapture(VIDEO);
facemesh = ml5.facemesh(video, modelReady);
```

模型讀取完成後，需要使用 facemesh.on 函式註冊處理 "predict" 事件的回呼函式，以便在判讀到人臉時執行指定的回呼函式：

```
function modelReady() {
  facemesh.on("predict", gotResult);
}
```

另外，來源為影像的話，註冊後就會不斷執行預測，我們就不需要額外再加入重複執行預測的程式碼。

預測結果為可以存放多張臉資料的陣列，而每張臉中的 **scaledMesh** 即是 468 個臉部特徵點組成的陣列，每個點為 xyz 座標值陣列，其中 z 軸表示遠近。除了各個特徵點座標外，預測結果還包含依照臉部不同部位的分類，比如左臉頰 (leftCheek) 等，有興趣的讀者可以參照預測結果中每張臉的 **annotations** 物件：

```
function gotResult(results) {
  console.log(results);
}
```

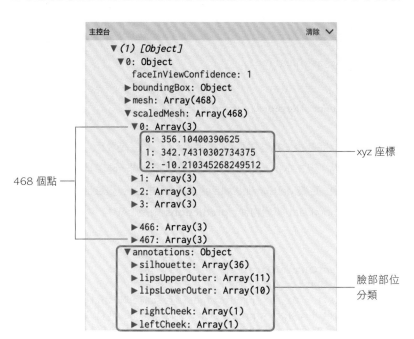

468 個點

xyz 座標

臉部部位分類

# LAB17 FaceMash 3D 臉部採集

**實驗目的**

使用 ml5 內建的 Facemesh 模型偵測臉部及特徵點位置，並標示出每個特徵點。

**設計原理** p5.js Web Editor

由於在 Facemesh 預測結果中，我們需要每張臉 468 個特徵點的 x、y 座標在畫面上標示位置，所以定義一個函式 drawKeypoints(results)，先走訪每張偵測到的臉，再走訪 scaledMesh 中的每個點座標，並畫出直徑大小為 3 像素的圓點：

```
function drawKeypoints(results) {
  // 走訪每一張臉
  for (let i = 0; i < results.length; i += 1) {
    // 建立整張臉的特徵點
    let keypoints = results[i].scaledMesh;
    // 走訪每個點並依座標值畫出圓點
    for (let j = 0; j < keypoints.length; j += 1) {
      let [x, y] = keypoints[j];
      fill(0, 255, 0);
      noStroke();
      ellipse(x, y, 3, 3);
    }
  }
}
```

其中 let [x, y] = keypoints[j] 是特別的變數設定方式，可以從陣列中依序取值設定給對應的變數，此例中會將 keypoints[j][0] 設定給 x、keypoints[j][1] 設定給 y。

### 程式設計 p5.js Web Editor

連線 **https://www.flag.com.tw/maker/FM634A/JS**，再開啟 **LAB17_FaceMash 3D 臉部採集**並執行『檔案 / 建立副本』複製檔案。

### 實測

在 **p5.js Web Editor** 按 Ctrl + Enter 後，預覽窗格會先出現 **FaceMesh 模型讀取中 ...** 文字：

待讀取完成後即會看到攝影機畫面，若畫面中有臉部出現則會看到綠色的臉部特徵點：

Facemesh
預測結果

## 8-2 訓練自己的神經網路：分類問題

有別於第 7 章預估數值的迴歸問題，分類問題 (classification) 是從幾個選項中，選出一個答案，接著就以上一節取得的人臉特徵為輸入資料，建立一個可以分辨是否在打瞌睡的分類模型。首先要建立一個 ml5.neuralNetwork 模型，在建立模型前先設定相關參數，inputs 為 Facemesh 取得的臉部特徵點座標，468 個點乘上 xyz 三軸，output 則為打瞌睡或是沒有打瞌睡兩類，task 為代表分類的 'classification'：

```
let options = {
  inputs: 468*3,
  outputs: 2,
  task: 'classification',
  debug: true
}
nn = ml5.neuralNetwork(options);
```

神經網路建立完成後，接著需要增加訓練資料，也就是我們在 LAB17 獲取的那些**特徵點**，因為本例為打瞌睡分類問題，假設同一時間都只會有一張臉在畫面中出現，定義 getCurrentData 函式將獲取的第一張臉部特徵點座標資料，存放至 inputData 陣列物件，**predictions** 則是 LAB17 中 Facemesh 的預測結果：

```
function getCurrentData() {
  let inputData = [];
  for (let i = 0; i < predictions[0].scaledMesh.length; i++) {
    for (let j = 0; j < predictions[0].scaledMesh[i].length; j++) {
      inputData.push(predictions[0].scaledMesh[i][j]);
    }
  }
  return inputData;
}
```

增加訓練資料則使用 addData，第 1 個參數為特徵值，第 2 個為標籤，例如接下來的實驗就是用該神經網路依照臉部不同位置與角度，分類為低頭（打瞌睡）或抬頭（清醒），標籤必須為陣列物件，所以前後需要增加中括號：

```
nn.addData(getCurrentData(), [label]);
```

訓練之前一樣需要先將資料正規化：

```
nn.normalizeData();
let trainingOptions = {
  epochs: 32
}
nn.train(trainingOptions, finishedTraining);
```

訓練完成後就可以使用 classify 分類，輸入的資料一樣為從 Facemesh 預測結果取得的臉部特徵點：

```
nn.classify([getCurrentData()], gotResults)
```

在分類完成的回呼函式中可以使用 results[0].label 得到分類結果標籤：

```
function gotResults(error, results) {
  predictLabel = results[0].label;
  console.log("預測結果：" + predictLabel);
}
```

# LAB18  打瞌睡分類器

若是坐在電腦前面工作或學習，有時候時間一長就會開始昏昏欲睡，這時候我們就可以利用臉部特徵點偵測搭配機器學習，訓練一個打瞌睡分類器來預測使用者是否睡著了！

### 實驗目的

使用 LAB17 Facemesh 取得臉部特徵點當作訓練資料，並給予正確的標籤（打瞌睡或清醒），訓練完成後，預測時同樣使用當前 Facemesh 從攝影機畫面所取得的臉部特徵點當作輸入，若結果為打瞌睡就讓攝影機畫面偏紅並顯示警告文字。

### 設計原理  p5.js Web Editor

⚠ 由於操作上會需要一些介面設計，本例會使用額外寫好的 gui.js 中的函式，有興趣的讀者可以自行參照範例草稿中的檔案。

在拍攝資料樣本時，畫面下方會設計縮圖列顯示目前拍攝樣本，使用 snapshotBars.addBar 可以增加縮圖列，以下就建立對應兩個標籤的縮圖列：

```
let snapshotW = 40;        // 縮圖寬度
let snapshotH = 30;        // 縮圖高度
let snapshotY = 500;       // 縮圖水平位置
```

```
snapshotBars.addBar(        // 顯示打瞌睡的縮圖
  snapshotY,                // 縮圖列水平位置
  255, 204, 100,            // 縮圖列底色
  snapshotW, snapshotH      // 縮圖寬、高
);
snapshotBars.addBar(        // 顯示未打瞌睡的縮圖
  snapshotY + 80,
  150, 255, 150,
  snapshotW, snapshotH
);
```

進行各項功能的圖片按鈕

用來顯示縮圖
的兩條縮圖列

再使用 guiImgButton 以指定的圖片建立按鈕並設定相對應的回呼函式：

```
guiImgButton('assets/label01.svg', 20, 20, 70, addLabel1Data);
guiImgButton('assets/label02.svg', 100, 20, 70, addLabel2Data);
guiImgButton('assets/brain.svg', 180, 20, 70, trainModel);
```

```
guiImgButton('assets/download.svg', 260, 20, 70, downloadModel);
guiImgButton('assets/upload.svg', 340, 20, 70, uploadModel);
```

在增加資料的回呼函式 addLabel1Data 與 addLabel2Data 中，皆會執行 addLabelData 增加資料，唯參數分別為 0 或 1 來表示不同標籤：

```
// 增加標籤 1 資料（打瞌睡）
function addLabel1Data() {
  addLabelData(0);
}


// 增加標籤 2 資料（沒有打瞌睡）
function addLabel2Data() {
  addLabelData(1);
}
```

建立訓練標籤陣列 labels 存放 2 個標籤，新增資料時，使用 addNNData(labels[n]) 即可根據 n 的值決定訓練標籤，另外使用 snapshotBars.addSnapshot 增加樣本縮圖於畫面下方對應標籤的縮圖列，第 1 個參數為目前攝影機畫面，第 2 個為標籤項：

```
let labels = ['nodoff', 'wake'];   // 訓練標籤
function addLabelData(n) {
  if (predictions.length == 0) {
    console.log("沒有臉");
  } else {
    addNNData(labels[n]);
    snapshotBars.addSnapshot(video.get(), n);
  }
}
```

若縮圖列已經擺滿，會回頭從左上角覆蓋舊的縮圖。

以 LAB17 Facemesh 相同方式取得臉部特徵點，而建立與訓練神經網路部分即是 **8-2** 節開頭所示，在訓練完成的回呼函式中，會設定變數 trained 為 true：

```
// 訓練完成
function finishedTraining() {
  console.log('訓練完成');
  trained = true;
}
```

這樣在取得臉部特徵後就可以知道已經訓練好模型而直接預測分類，判斷是否打瞌睡：

```
function gotFaceResult(faceResults){
  predictions = faceResults;
  if (trained && predictions.length > 0)
    predictData();
}
```

繪製畫面時會先使用 drawCircledNumber 在畫面左上角繪製圓圈數字顯示個別分類的縮圖數量，也是資料樣本的筆數。接著再根據是否預測為打瞌睡或正在載入模型使用 tint(r, g, b) 改變畫面色調，並顯示提示文字：

```
function draw() {
  image(video, 0, 0, videoSizeW, videoSizeH);
  //畫出計次器        圓心 |半徑 |    填色      |字體大小
  drawCircledNum(55, 90, 48, 34, 58, 127, 30,
                  //顯示數值              |偏移距離
                  snapshotBars.count(0), 0, 4);
  drawCircledNum(135, 90, 48, 235, 96, 23, 30,
                  snapshotBars.count(1), 0, 4);

  // 在臉部偵測關鍵點畫上圖形
  drawKeypoints();
```

```
  // 瞌睡警報更改畫面色調
  if (predictLabel == "nodoff") {
    fill(255, 255, 255);
    textSize(72);
    text("請保持清醒！", width / 2, height / 3)
    tint(255, 20, 150);
  }
  // 模型讀取中
  else if (loading){
    fill(255, 255, 255);
    textSize(48);
    text("讀取中...", width / 2, height / 3)
    tint(100, 100, 100);
  } else {
    tint(255);
  }
}
```

**程式設計** p5.js Web Editor

連線 **https://www.flag.com.tw/maker/FM634A/JS**，再開啟 **LAB18_ 打瞌睡分類器**並執行『檔案 / 建立副本』複製檔案。

**實測**

在 **p5.js Web Editor** 按 Ctrl + Enter，預覽窗格即會出現攝影機畫面以及相關圖形介面，待主控台窗格顯示 **FaceMesh 模型讀取完畢**後，即可準備開始拍攝樣本，先將臉部微微朝**下**，再按『打瞌睡』圖形按鈕，要注意臉部不能過低，否則 Facemesh 可能無法判讀正確臉部位置，可用眼角餘光檢查臉部特徵點，避免已脫離實際臉部位置過多，接著盡可能拍攝在**畫面下方**都出現臉部朝下的樣本，例如在畫面中下、左下或右下，數量約為 **32** 張即可：

按此增加**打瞌睡**樣本

打瞌睡的臉部位置

接著拍攝**沒有打瞌睡（清醒）**樣本，將臉部擺正朝向螢幕，在不斷位移臉部位置的同時，按『清醒』圖形按鈕，盡量不要位移至**打瞌睡**樣本的區域，數量約為 32 張：

按此增加**清醒**樣本

清醒區域

樣本皆拍攝完成後，按訓練模型按鈕，若是 **loss** 值沒有持續收斂即曲線最終沒有往下降，就表示需要重新拍攝樣本，請重新執行本草稿，並依照前面拍攝樣本的方法再次操作：

按此進行訓練

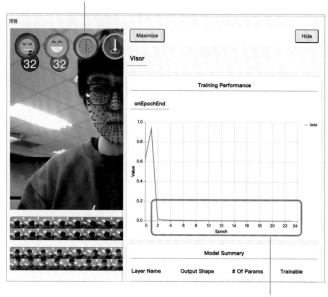

訓練過程 loss 值應收斂至較低位置

待主控台窗格出現『訓練完成』後，隱藏 Visor，這時若是**低頭**狀態，即會看到畫面變為**紅色**調，且中間會出現『請保持清醒！』的文字，反之若**抬頭**則會變為正常色調，測試預測效果皆正常後，即可按『下載模型』按鈕儲存模型，我們會在後面的實驗用到：

⚠ 注意本例儲存模型的檔名和 LAB13 相同，若已經實作過 LAB13，可以先將原本 LAB13 的模型移動至其他位置，否則系統應會針對**相同檔名**的檔案，自動額外再**增加序號**至檔名以辨識不同檔案，後面若要上傳模型至網頁使用時，就必須注意檔名是否相符。

按此下載模型

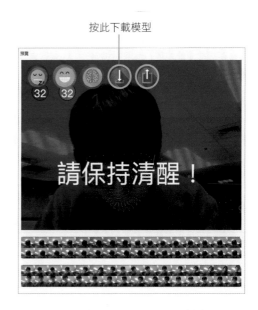

儲存模型方式與 **LAB13 即時溫度計 _ 訓練模型**相同，會有 3 個相關模型檔案：

> 訓練完成！請按下載模型圖示。
> 
> 📄 model.json          ∧          📄 model_meta.json          ∧          ⬇ model.weights.bin          ∧

## 8-3    無源蜂鳴器原理與 PWM 訊號

打瞌睡分類器可以用畫面變色來提醒使用者需要保持清醒，但如果只用視覺提示可能效果有限，接下來要加入可以發出聲音的電子元件—無源蜂鳴器。

無源蜂鳴器使用所謂的壓電效應，當中的壓電陶瓷片會在以特定頻率通電後依該頻率震動、進而發出聲音，而這個頻率是可用程式控制的。

發音孔

腳位

為了讓無源蜂鳴器發出聲音，我們得使用 **PWM**（Pulse Width Modulation, 脈衝寬度調變）來調整蜂鳴器的頻率。

什麼是 PWM 呢？其實開發板的腳位只能輸出 0 或 1 的信號，也就是低電位（無電壓）或高電位（最高電壓，以 D1 mini 而言是 3.3 伏特），你可以當成不通電或通電，沒辦法直接輸出介於最高與最低之間的信號（例如 0.5，相當於 1.65 伏特）。這時就可以改用 PWM 來產生和調整電壓了。

簡單地說，PWM 會藉由交錯輸出 0 或 1 並控制 0 與 1 時間佔比的方式，讓平均電壓落到我們想要的程度：

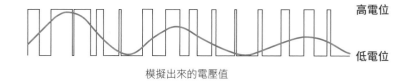

高電位

低電位

模擬出來的電壓值

PWM 有兩個參數，第一個是**工作週期**（duty cycle），基本上就是單位時間內高電位與低電位的輸出時間比例：

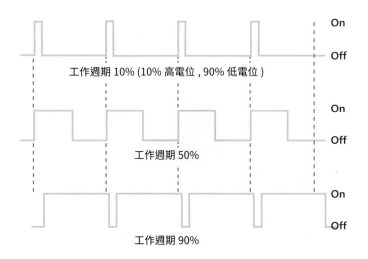

工作週期 10% (10% 高電位 , 90% 低電位 )

工作週期 50%

工作週期 90%

因此工作週期的值越高，產生的平均電壓就越高。若工作週期為 50%，輸出電壓就是 50% 或 3.3 x 0.5 = 1.65 伏特。

第二個參數是**頻率**，也就是每秒電壓變高與變低的次數：

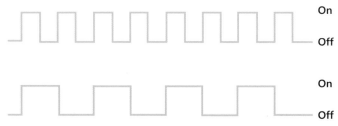

兩者工作週期皆為 50%，輸出電壓相同，但上面的輸出頻率是下面的 2 倍

我們可以用頻率控制無源蜂鳴器的壓電片振動，就會發出相同頻率的聲音。但是，工作週期該設為多少？由於壓電片在通電後會扭曲，不通電會恢復原狀，因此必須有『通電 - 不通電』的循環才能產生振盪。當通電與不通電的時間一樣時（工作週期 50%），蜂鳴器的振動效果最好，聲音也就最大。因此，控制蜂鳴器時的輸出電壓其實是固定的，重點在於調整 PWM 的頻率。

無源蜂鳴器的『無源』意思是沒有振盪源，必須由外部控制使壓電片振動。相對的另外有種『有源蜂鳴器』，本身有振盪源，通電就會發出聲音，但也因此無法改變音高。

在了解無源蜂鳴器的原理與 PWM 訊號之後，我們就可以在程式中透過輸出不同頻率的 PWM 訊號，控制無源蜂鳴器發出不同聲音，下表是不同音名對應頻率的參照表：

| 音名 | 中音 C | D | E | F | G | A | B |
|---|---|---|---|---|---|---|---|
| 唱名 | Do | Re | Mi | Fa | Sol | La | Ti |
| 頻率 (Hz) | 261 | 294 | 330 | 349 | 392 | 440 | 494 |

# LAB19 讓蜂鳴器發出警報

要讓蜂鳴器發出不同頻率就需要使用程式控制，透過不斷遞增或遞減頻率還可以產生像是警報器的效果。

## 實驗目的

使用 for 迴圈不斷改變聲音頻率，讓蜂鳴器發出警報聲效果。

## 接線圖

取出**無源蜂鳴器**與**綠**、**棕**杜邦線各一條，將蜂鳴器插至麵包板如圖位置，無源蜂鳴器不分正負極，再將**綠色**杜邦線一端插至控制板 **D8** 腳位對應的麵包板插孔，另一端則插到**蜂鳴器**其中一支接腳對應插孔，**棕色**杜邦線一端插到控制板 **G** 腳位對應插孔，另一端則插到蜂鳴器**另外一支**接腳對應插孔：

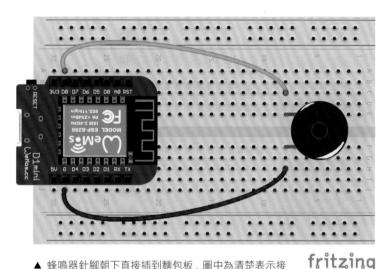

▲ 蜂鳴器針腳朝下直接插到麵包板，圖中為清楚表示接腳位置故將針腳畫成橫向，請特別注意**不要拗折**針腳

fritzing

設計原理　Thonny

為了讓 D1 mini 能透過腳位輸出 PWM 訊號，我們必須匯入相關模組：

```
from machine import Pin, PWM
```

建立 Pin 物件並指定使用 D8 腳位 ( 編號 15 即是 D8 腳位 )，接著再利用此 Pin 物件建立 PWM 物件：

```
buzzer = PWM(Pin(15))
```

buzzer.duty() 函式可設定 PWM 的工作週期，控制無源蜂鳴器的音量，參數值為 0~1023，設為 512 時工作週期為 50% 會最大聲，而設為 0 則沒有聲音：

```
buzzer.duty(512)
buzzer.duty(0)
```

buzzer.freq() 函式可調整頻率，填入中音 C 頻率 261，再加上讓程式停頓 ms 毫秒的 time.sleep_ms(ms)，蜂鳴器就會維持發音 ms 毫秒，例如執行 buzzer.freq(261) 後執行 time.sleep_ms(100) 即是讓蜂鳴器發出 Do 這個音持續 100 毫秒：

```
buzzer.freq(261)
time.sleep_ms(100)
```

程式設計　Thonny

⚠ 範例程式下載網址 https://www.flag.com.tw/DL?FM634A

LAB19_Buzzer.py　　　　　　　　　　　　　　　Thonny

```
from machine import Pin, PWM
import time

# 蜂鳴器 (15 代表 D1 mini 的 D8 腳位)
buzzer = PWM(Pin(15))
buzzer.duty(512)

# 頻率從 100 遞增至 1500 後再遞減
for j in range(100,1500):
    buzzer.freq(j)
    time.sleep_ms(1)
# range 第 3 個參數需要設定 -1 表示遞減
for j in range(1500,100,-1):
    buzzer.freq(j)
    time.sleep_ms(1)

# 關閉蜂鳴器
buzzer.duty(0)
```

實測

按下 [F5] 執行程式後，即會聽到警報聲響起，先從低音漸漸到高音，再慢慢降回低音。

# LAB20 打瞌睡警報器

我們學會了如何讓蜂鳴器發出警報聲之後，接著就要將 **LAB18 打瞌睡分類器**和硬體結合，完成若使用者打瞌睡則會自動發出警報聲響的打瞌睡警報器。

## 實驗目的

將 LAB18 打瞌睡分類器預測的結果透過 MQTT 傳至控制板，若結果為打瞌睡則讓蜂鳴器發出警報。

## 接線圖

同 LAB19 接線圖：

請依 5-2 節所敘方法連線至 **AIO feeds** 頁面建立 alarm：

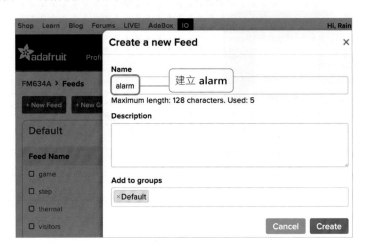

MQTT 的連線方式跟 **LAB14 即時溫度計**相同，唯原本使用 client.publish() 從控制板將資料發送出去，本例則需要改用 client.subscribe **訂閱頻道，並且利用** client.set_callback 定義**處理收到資料**的函式 get_cmd，若收到的資訊為 "nodoff"，則設定 PWM 工作週期為 512 讓蜂鳴器發出最大音量，若不是則設為 0，即是靜音：

```
def get_cmd(topic,msg):
    # 如果接收到的資訊為 nodoff，發出警報聲
    if(msg == b"nodoff"):
        buzzer.duty(512)
    else:
        buzzer.duty(0)

client.subscribe(TOPIC)
client.set_callback(get_cmd)
```

**程式設計** Thonny

⚠ 範例程式下載網址 https://www.flag.com.tw/DL?FM634A

直接開啟範例程式 LAB20_NodeoffAlarm.py 後，修改 13 行無線網路名稱與密碼，以及 20、21 行 AIO 相關資料：

```
LAB20_NodeoffAlarm.py                                    Thonny
13 sta.connect('無線網路名稱', '無線網路密碼')
...
18 client = MQTTClient(client_id='',          # 用戶端識別名稱
19                      server='io.adafruit.com', # 中介伺服器網址
20                      user='AIO_USER',        # AIO 帳戶名稱
21                      password='AIO_KEY')     # AIO 金鑰
```

**設計原理** p5.js Web Editor

網頁的程式即是以 **LAB18 打瞌睡分類器**再增加把預測結果透過 MQTT 傳至控制板，通訊的方法與在 **LAB08 物件偵測**和 **LAB11 語音控制遊戲**都相同，所以只要在打瞌睡分類器的程式中，加入不斷確認狀態如果有改變才送出預測結果的函式：

```
// 確認狀態
function checkStatus(){
  // 如果狀態變更
  if(predictLabel != lastLabel){
    // 傳送目前狀態
    client.publish(mqttTopic, predictLabel);
  }
  lastLabel = predictLabel;
}
```

**程式設計** p5.js Web Editor

連線 **https://www.flag.com.tw/maker/FM634A/JS**，再開啟 **LAB20_ 打瞌睡警報器**並執行『**檔案 / 建立副本**』複製檔案後，修改以下 **AIO** 相關程式碼：

```
LAB20_打瞌睡警報器                                            JS
14   let mqttUsername = "AIO 帳號";
15   let mqttPassword = "AIO 金鑰";
```

若是前一個實驗 LAB19 已經下載好模型，可依照 **LAB14 即時溫度計 _ 預測溫度**使用相同上傳模型的方式，將一共 3 個模型檔案上傳至草稿中的 **model** 資料夾，待執行程式後即會自動載入至網頁中，範例程式草稿裡，我們已經預先放好訓練好的模型，若沒有上傳模型到草稿也可以順利執行，但在不同場域環境的預測效果可能不如預期。

模型先上傳至草稿中的 model 資料夾

在 **Thonny** 程式再次確認**無線網路**與 **AIO 帳號、金鑰資訊**皆正確後按下 F5 ，會看到**互動環境 (Shell)** 出現 Wi-Fi、MQTT 連線成功。

回到 **p5.js Web Editor** 也確認 **AIO 帳號金鑰資訊**皆正確後按 Ctrl + Enter ，待預覽窗格中畫面上的『讀取中 ...』文字消失後，這時若是**低頭**狀態，即會看到畫面變為**紅色**調，且中間會出現『請保持清醒！』的文字，蜂鳴器也為發出**警報聲**來提醒打瞌睡的使用者，反之若**抬頭**則會變為正常色調，蜂鳴器在**該次**警報聲響完後也會停止。

# 9

## 訓練自己的神經網路：CNN -- 口罩門禁器

在第 2 章已經實作過使用 MobileNet 模型的 ml5 內建影像分類器，而本章將介紹如何建立一個常用於影像辨識的卷積神經網路。

## 9-1　卷積神經網路

先前我們使用的神經網路結構都是一個個神經元組成神經層，然後每層神經層彼此互相連接，這種結構也稱之為**密集神經網路**或是**全連接神經網路**，接下來我們要介紹另一種結構：**卷積神經網路 (Convolution Neural Network, CNN)**，它相當適合處理**局部特徵**，就像人類在辨識影像的時候，也會根據某幾個特徵辨識物體，不用端詳所有細節，而且處理影像圖形若是每個像素都輸入到密集層神經網路的話，會造成極大的運算負擔，這時候就適合使用 CNN。

一個標準的 CNN 是由卷積層、池化層、展平層、密集層所組成，下圖是一個 CNN 的基本架構：

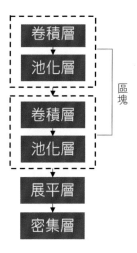

簡單來說一個完整的 CNN 就是由一到多個卷積層，搭配一個池化層組成一個區塊，然後疊加多個區塊，再接上展平層最後連接我們熟知的密集層進行分類或是迴歸。以下將透過實際建立 ml5 卷積神經網路過程講解各個層。

建立 ml5 神經網路方式與前面實作皆相同，inputs 為輸入的影像，由於影像解析度不需使用到原始尺寸，這裡指定為 48 乘 48 像素，第 3 個參數為影像通道數，4 表示 RGBA，task 指定 'imageClassification' 表示目的為影像分類，而 ml5 神經網路處理影像分類即是使用 CNN：

```
let options = {
  inputs: [48, 48, 4],
  task: 'imageClassification',
  debug: true,
};
CNN = ml5.neuralNetwork(options);
```

使用 ml5 建立 CNN 時，若無特別設定各層神經網路的話，ml5 會如下結構建立預設的神經網路，就如剛剛提及的標準 CNN 結構，'conv2d' 為**卷積層**，'maxPooling2d' 為**池化層**，'flatten' 為**展平層**，而 'dense' 就是最常見的**密集層**：

```
layers = [
  {
    type: 'conv2d',
    filters: 8,
    kernelSize: 5,
    strides: 1,
    activation: 'relu',
    kernelInitializer: 'varianceScaling',
  },
  {
    type: 'maxPooling2d',
    poolSize: [2, 2],
    strides: [2, 2],
  },
  {
    type: 'conv2d',
    filters: 16,
    kernelSize: 5,
```

```
    strides: 1,
    activation: 'relu',
    kernelInitializer: 'varianceScaling',
  },
  {
    type: 'maxPooling2d',
    poolSize: [2, 2],
    strides: [2, 2],
  },
  {
    type: 'flatten',
  },
  {
    type: 'dense',
    kernelInitializer: 'varianceScaling',
    activation: 'softmax',
  },
];
```

### 卷積層

『原始圖片』在 CNN 中代表輸入資料，為了要提取每張圖片的**特徵**，需要使用到**卷積核**：

卷積核（假設大小為 3 x 3）

原始圖片（假設大小為 5 x 5）

▲ 原始圖片中的數值代表像素值，範圍是 0~255。

卷積核可以想像成人類，每個人在看圖片時都會注意到**特定的特徵**，像是一張鳥的圖片，有些人會注意『羽毛』，有些人則會注意『腳』，所以不同的卷積核可以尋找出不同的特徵：

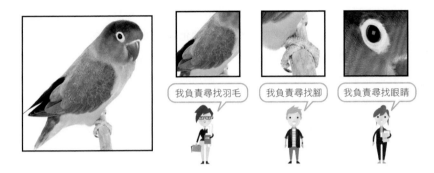

每個卷積核會在原始圖片上根據**指定的步長 (stride)** 當作每次移動的距離，並得到其特徵圖：

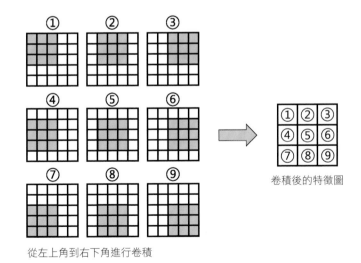

從左上角到右下角進行卷積

⚠ 上圖中使用**步長為 1** 來移動卷積核。

卷積核經過的區域會讓位置重疊的格子相乘，所有數字相乘後，再相加就可以得到特徵值，範例如下：

$$1 \times 0 + 0 \times 0 + 2 \times 1 + 0 \times 1 + 2 \times 0 + 1 \times (-1) + 0 \times (-1) + 0 \times 1 + 1 \times 0 = \mathbf{1}$$

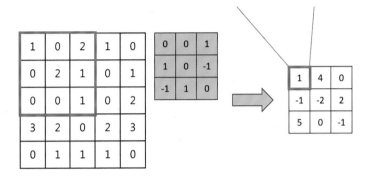

若以影像舉例，以下為長寬各為 48 像素的圖片，以 3 × 3 卷積核大小進行卷積所得到的結果，會取得尾巴及頭部特徵：

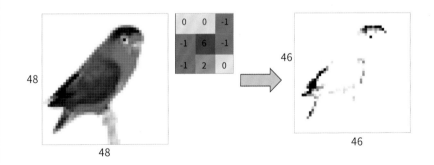

如果有 2 個卷積核，則會得到 2 層特徵圖：

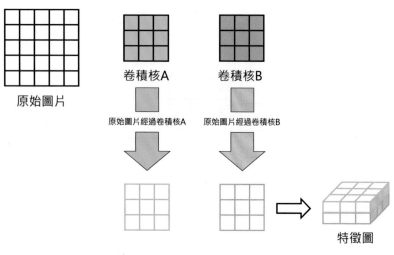

原始圖片大小為 5（長）×5（寬）×1（高），經過 2 個 3×3 的卷積核後會得到 3（長）×3（寬）×2（高）的特徵圖。

現在回頭檢視預設神經網路中的**卷積層**，其中 kernelInitializer 為權重（卷積核中的數值）的初始器，用來決定權重初始值，預設皆使用 'varianceScaling'：

```
{
    type: 'conv2d',
    filters: 8,          ◀── 卷積核數量
    kernelSize: 5,       ◀── 卷積核大小
    strides: 1,          ◀── 步長
    activation: 'relu',
    kernelInitializer: 'varianceScaling',
},
```

⚠ 卷積核的大小沒有所謂正確答案，當你想觀察大特徵時，大卷積核可能比較符合需求，反之尋找小特徵時，就可以嘗試小卷積核。

## 池化層

通常在建立 CNN 時，越後面的卷積層會設定越多的卷積核，以提取更多的特徵，然而好幾層的卷積層會讓參數量和運算量變的很大，為了解決這個問題，就需要**降低採樣 (downsampling)**，即在盡量保留特徵資訊的情況下，縮小資料量。CNN 用的降低採樣方法為**池化 (Pooling)**，根據不同算法又能分為：**最大池化 (MaxPooling)** 和**平均池化 (AveragePooling)**，兩者差別只在於取值時，最大池化會取最大值，平均池化取平均值：

『最大池化』會將指定範圍內的**最大值**留下來，其餘刪除，上圖是使用 2×2 當作窗口，因此留下最大值 2：

接下來若以**步長為 2** 向右移動：

| 2 | 1 | 0 | 2 |
|---|---|---|---|
| 0 | 2 | 3 | -1 |
| 2 | 1 | 1 | 0 |
| 1 | 3 | -2 | 2 |

MaxPooling →

| 2 | 3 |
|---|---|
|   |   |

最後將 2×2 的窗口掃描完整張圖，即可保留比較重要的特徵資訊並減少資料量。

接著回頭檢視預設神經網路中的**池化層**，使用最大池化算法 'maxPooling2d'：

```
{
  type: 'maxPooling2d',
  poolSize: [2, 2],   ◄── 窗口的長和寬
  strides: [2, 2],   ◄── 水平、垂直方向的步長
},
```

## 展平層

經過數個卷積層和池化層後，最終要連接上**密集層**才能分類，因此需先展平 (flatten)：

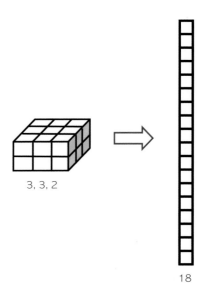

3, 3, 2

18

神經網路建立完成還需要加入訓練資料，與 **LAB18 打瞌睡分類器**增加資料的方式相同，都是使用 addData ( 資料，標籤 ) 這個方法，影像資料擷取後需要先調整大小，以符合神經網路建立時設定的輸入層：

```
let videoNew = video.get();
videoNew.resize(48, 48);
let inputImage = {
  image: videoNew,
};
CNN.addData(inputImage, [label]);
```

資料完成後就可以開始訓練模型，方式與先前 ml5 的神經網路訓練都相同，完成後就可進行影像分類：

```
function trainModel() {
    CNN.normalizeData();
    CNN.train({
        epochs: 50,
    },
    finishedTraining
    );
}
function finishedTraining() {
  classifyVideo();
}
```

要分類影像之前，一樣要先把尺寸縮小與輸入層一致，再使用 CNN.classify 分類：

```
function classifyVideo() {
  let videoNew = video.get();
  videoNew.resize(48, 48);
  let inputImage = {
    image: videoNew,
  };
  CNN.classify(inputImage, gotResults);
}
```

取得結果後，再次執行 classifyVideo 讓程式不斷重複分類：

```
function gotResults(error, results) {
  if (error) {
    return;
  }
  predictLabel = results[0].label;
  console.log("預測結果：" + predictLabel);
  classifyVideo();
}
```

# LAB21 口罩辨識

## 實驗目的

建立卷積神經網路並加入戴口罩與不戴口罩的臉部影像樣本進行訓練，再使用此模型來預測攝影機中的人物有沒有戴口罩，若無配戴口罩則將畫面變色並顯示警語。

## 設計原理 p5.js Web Editor

⚠ 由於操作上會需要一些介面設計，本例會使用前面章節已經用過的 gui.js 中的函式，有興趣的讀者可以自行參照範例草稿中的檔案。

本實驗與 **LAB18 打瞌睡分類器** 程式架構皆相同，只有訓練資料類型不同，LAB18 是臉部的特徵點座標資料，本例則是攝影機所拍攝到的畫面。

## 程式設計 p5.js Web Editor

連線 **https://www.flag.com.tw/maker/FM634A/JS**，再開啟 **LAB21_ 口罩辨識**並執行『**檔案 / 建立副本**』複製檔案。

## 實測

在 **p5.js Web Editor** 按 Ctrl + Enter，預覽窗格即會出現攝影機畫面以及相關圖形介面，待預覽窗格顯示**攝影機畫面**後，即可準備開始拍攝樣本，在未配戴口罩狀態按『**沒有口罩**』按鈕增加樣本資料，數量約為 32 張：

沒有口罩按鈕 ————

將口罩正確配戴後，再按『有口罩』按鈕增加樣本，數量也一樣約 32 張：

有口罩按鈕 ————

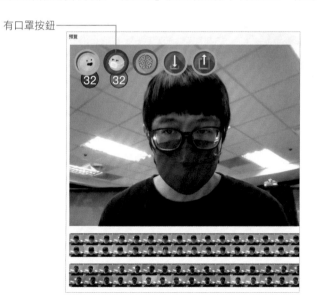

樣本增加完成後，按『訓練模型』按鈕開始訓練模型，訓練過程中，loss 值收斂速度相較前幾個實驗的神經網路會比較慢，但還是會漸漸收斂，待主控台窗格出現**訓練完成**後，按 **Hide** 隱藏 Visor：

按此訓練模型

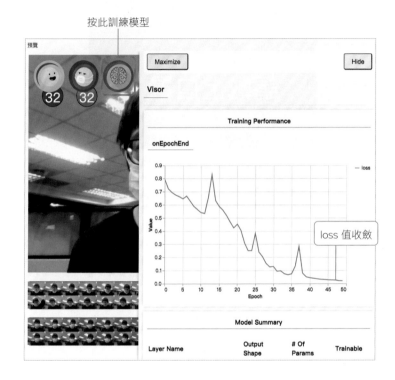

訓練完成後會開始進行預測，這時若無配戴口罩，畫面則會變紅，同時出現『請配戴口罩！』文字，反之畫面則會變成正常色調，確認模型可以正確預測結果後，即可按『下載模型』按鈕儲存模型，我們會在後面的實驗用到：

按此下載模型

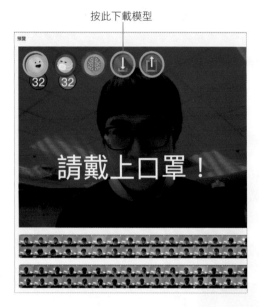

▲ 注意本例儲存模型的檔名和 LAB13、LAB19 相同，若已經實作過 LAB13、LAB19，可以先將原本 LAB13、LAB19 的模型移動至其他位置，否則系統應會針對**相同檔名**的檔案，自動額外再**增加序號**至檔名以辨識不同檔案，後面若要上傳模型至網頁使用時，就必須注意檔名是否相符。

儲存模型方式與 **LAB13、LAB19** 相同，會有 3 個相關模型檔案：

| 訓練完成！請按下載模型圖示。 |
| --- |
| > |

| 📄 model.json ^ | 📄 model_meta.json ^ | 📄 model.weights.bin ^ |
| --- | --- | --- |

控制伺服馬達

若是口罩辨識可以結合門禁系統，只有正確配戴口罩才能進入特定區域，這樣一來或許可以提昇防疫效果，接著要介紹的伺服馬達可以利用程式控制其轉動角度，我們將使用伺服馬達的轉軸來模擬成電子門鎖。

接地線，將它與控制板的 GND 相連
供電線，將它與控制板的正極相連
訊號線，將它與控制板的 GPIO 腳位相連

▲ 本套件的伺服馬達規格為 **SG90**，轉動角度為 0~180°。

伺服馬達 (servo) 是可以根據指令轉到**指定角度**的馬達，它藉由內部感測器得知目前的旋轉角度，並不斷跟**指定角度**做比較來進行修正。

▲ 伺服馬達通電後**請不要使用外力去轉動轉軸**，否則會導致馬達毀損。

在此套件中，藉由伺服馬達的轉軸來當作門鎖：

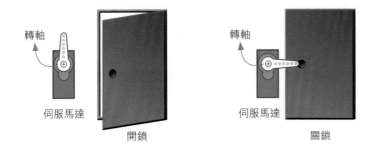

# LAB22 控制伺服馬達

## 實驗目的

使用 servo 模組控制伺服馬達。

## 線路圖

取出**伺服馬達**與橘、紅、棕色杜邦線，將**紅色**杜邦線一端插至控制板 **5V** 腳位對應的麵包板插孔，**棕色**杜邦線一端插到控制板 **G** 腳位對應插孔，橘色杜邦線一端插到控制板 **D7** 腳位對應插孔，最後將橘、**紅**、**棕色**杜邦線另一端分別對應顏色插至**伺服馬達** 3 色杜邦線母頭：

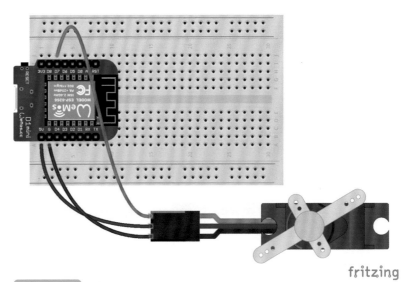

fritzing

## 設計原理　Thonny

伺服馬達的**訊號線**會用來接收控制板的**脈衝訊號**，並根據脈衝訊號的**高電位持續時間**來決定轉動角度：

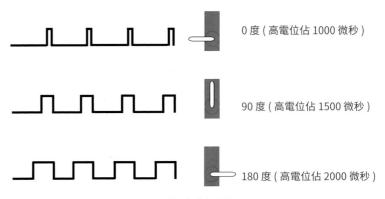

0 度 ( 高電位佔 1000 微秒 )

90 度 ( 高電位佔 1500 微秒 )

180 度 ( 高電位佔 2000 微秒 )

▲ 脈衝訊號的頻率是 50Hz

⚠ **脈衝訊號**指的是短時間內從基準線變化震幅再回到基準線的訊號，上圖的脈衝訊號會不斷切換電位的高低。

在寫程式的時候，並不需要指定脈衝訊號的高電位持續時間，只需要使用 **servo 模組**，就可以輕鬆指定伺服馬達的角度。

首先要先上傳 **servo 模組**到控制板：

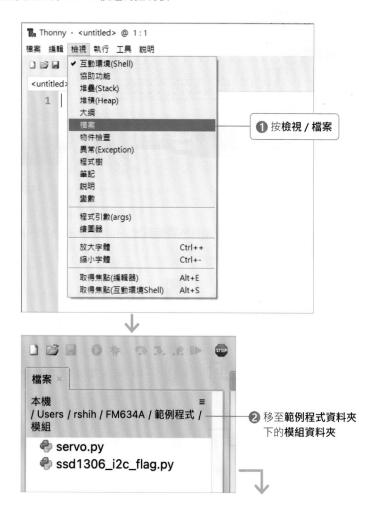

⚠ 範例程式下載網址 https://www.flag.com.tw/DL?FM634A

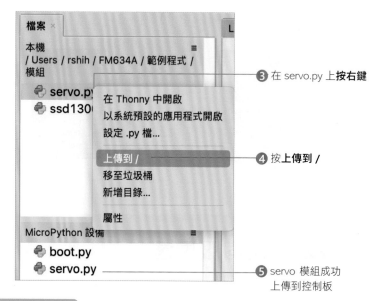

### servo 模組

使用 servo 模組控制伺服馬達時需要先建立其物件：

```
>>>   from servo import Servo      # 從 servo 模組匯入 Servo 類別
>>>   from machine import Pin
>>>   my_servo = Servo(Pin(13))    # 建立 Servo 物件
```

⚠ 請注意大小寫。

建立 Servo 物件時，需要指定連接訊號線的腳位，所以要同時匯入 machine 模組，上面程式指定訊號線接到控制板的 13 號 (D7) 腳位。建立完物件後，就可以使用 **write_angle()** 方法指定馬達角度：

```
>>>   my_servo.write_angle(90)     # 指定馬達轉動到 90 度
>>>   my_servo.write_angle(0)      # 指定馬達轉動到 0 度
```

程式設計 Thonny

⚠ 範例程式下載網址 https://www.flag.com.tw/DL?FM634A

**LAB22_servo.py**        Thonny

```python
from servo import Servo
from machine import Pin
import time

# 建立伺服馬達物件
my_servo = Servo(Pin(13))
while True:
    my_servo.write_angle(0)
    time.sleep(0.5)
    my_servo.write_angle(90)
    time.sleep(0.5)
```

實測

請按 F5 執行程式，即可看到伺服馬達先轉至 0 度，等待 0.5 秒後，再轉至 90 度，一直不斷重複。

# LAB23 口罩門禁系統

學會如何控制伺服馬達之後，接著就可以把伺服馬達當作門鎖，需要 **LAB21 口罩辨識**通過才能解鎖，模擬成一套口罩門禁系統。

實驗目的

將 LAB21 口罩辨識預測的結果透過 MQTT 傳至控制板，若結果為有戴口罩則讓伺服馬達轉至解鎖角度 3 秒後再轉至上鎖角度。

接線圖

同 LAB22 接線圖：

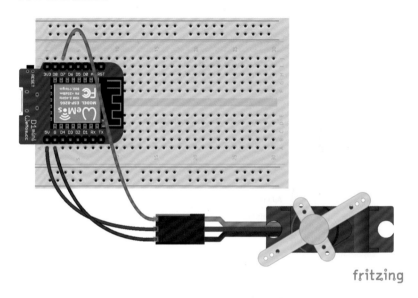

fritzing

伺服馬達有附不同的白色舵臂，選擇單邊舵臂套到馬達齒輪上，可以明顯觀察馬達轉動角度：

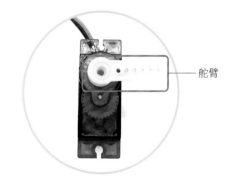

舵臂

請依 5-2 節所敍方法連線至 **AIO feeds** 頁面建立 **mask**：

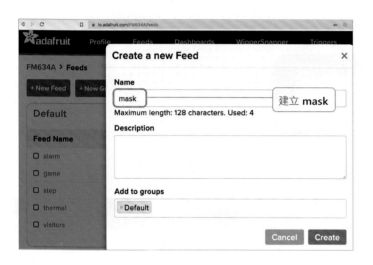

程式原理與 **LAB20 打瞌睡警報器**相同，唯程式開始會先將伺服馬達轉至 0 度，再持續判斷接收到的 MQTT 訊息若為 "mask" 則控制**伺服馬達**轉至 90 度，暫停 3 秒後再轉至 0 度：

```
if(msg == b"mask"):
    my_servo.write_angle(90)
    time.sleep(3)
    my_servo.write_angle(0)
```

**程式設計**　Thonny

⚠ 範例程式下載網址 https://www.flag.com.tw/DL?FM634A

---

直接開啟範例程式 LAB23_MaskSubscribe.py 後，修改 13 行無線網路名稱與密碼，以及 20、21 行 AIO 相關資料：

**LAB23_MaskSubscribe.py**　　　　　　　　　　　Thonny

```
13 sta.connect('無線網路名稱', '無線網路密碼')
...
18 client = MQTTClient(client_id='',          #用戶端識別名稱
19                     server='io.adafruit.com',   #中介伺服器網址
20                     user='AIO_USER',        #AIO 帳戶名稱
21                     password='AIO_KEY')     #AIO 金鑰
```

**設計原理**　p5.js Web Editor

網頁程式原理與 **LAB20 打瞌睡警報器**相同，判斷狀態更新才把預測結果送出。

**程式設計**　p5.js Web Editor

連線 **https://www.flag.com.tw/maker/FM634A/JS**，再開啟 **LAB23_ 口罩門禁系統**並執行『**檔案 / 建立副本**』複製檔案後，修改以下 **AIO** 相關程式碼：

**LAB23_口罩門禁系統**　　　　　　　　　　　　　　　JS

```
...
11  let mqttUsername = "AIO 帳號";
12  let mqttPassword = "AIO 金鑰";
...
```

接著依照 **LAB14 即時溫度計 _ 預測溫度**使用相同上傳模型的方式，將一共 3 個 **LAB21 口罩辨識**訓練後下載的模型檔案，上傳至草稿中的 **model** 資料夾，待執行程式後即會自動載入至網頁中。範例程式草稿裡，我們已經預先放好訓練好的模型，但在不同場域環境會無法正確預測，所以**請先刪除**草稿裡的模型檔案後，再上傳自己的模型。

接著將口罩戴上，畫面色調即恢復正常，伺服馬達也會轉至 90 度開鎖位置，3 秒後再轉回 0 度：

按此展開選項

按此上傳檔案

**實測**

在 **Thonny** 程式再次確認**無線網路**與 **AIO 帳號、金鑰資訊**皆正確後按下 F5，會看到**互動環境 (Shell)** 出現 Wi-Fi、MQTT 連線成功，伺服馬達也會轉至 0 度位置。

回到 **p5.js Web Editor** 也確認 **AIO 帳號金鑰資訊**皆正確後按 Ctrl + Enter，等待攝影機畫面出現後即會開始預測，若是沒有配戴口罩時，畫面會變紅，中間也會出現『請戴上口罩！』文字：

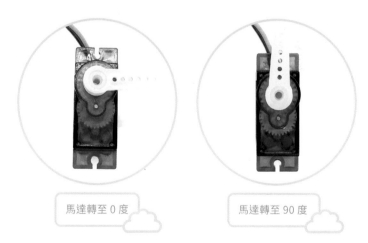

馬達轉至 0 度　　馬達轉至 90 度

**記得到旗標創客 · 自造者工作坊 粉絲專頁按『讚』**

1. 建議您到「旗標創客・自造者工作坊」粉絲專頁按讚, 有關旗標創客最新商品訊息、展示影片、旗標創客展覽活動或課程等相關資訊, 都會在該粉絲專頁刊登一手消息。

2. 對於產品本身硬體組裝、實驗手冊內容、實驗程序、或是範例檔案下載等相關內容有不清楚的地方, 都可以到粉絲專頁留下訊息, 會有專業工程師為您服務。

3. 如果您沒有使用臉書, 也可以到旗標網站 (www.flag.com.tw), 點選 聯絡我們 後, 利用客服諮詢 mail 留下聯絡資料, 並註明產品名稱、頁次及問題內容等資料, 即會轉由專業工程師處理。

4. 有關旗標創客產品或是其他出版品, 也歡迎到旗標購物網 (www.flag.tw/shop) 直接選購, 不用出門也能長知識喔!

5. 大量訂購請洽

   學生團體    訂購專線:(02)2396-3257 轉 362
               傳真專線:(02)2321-2545

   經銷商      服務專線:(02)2396-3257 轉 331
               將派專人拜訪
               傳真專線:(02)2321-2545

**國家圖書館出版品預行編目資料**

Flag's 創客 · 自造者工作坊
用 AI 影像辨識學機器學習 / 施威銘研究室著 . -- 初版
臺北市:旗標科技股份有限公司, 2022.1　面;　公分

ISBN 978-986-312-691-1( 平裝 )

1. 人工智慧 2. 機器學習 3. 電腦程式設計

312.83　　　　　　　　110016578

作　者/施威銘研究室

發 行 所/旗標科技股份有限公司

          台北市杭州南路一段15-1號19樓

電　話/(02)2396-3257(代表號)

傳　真/(02)2321-2545

劃撥帳號/1332727-9

帳　戶/旗標科技股份有限公司

監　督/黃昕暐

執行企劃/施雨亨

執行編輯/施雨亨

美術編輯/薛詩盈

封面設計/薛詩盈

校　對/施雨亨・黃昕暐

行政院新聞局核准登記-局版台業字第 4512 號

ISBN　978-986-312-691-1